JN021914

予測学

未来はどこまで読めるのか

大平 徹

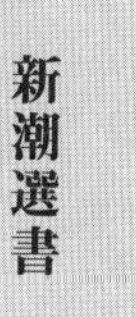

新潮選書

まえがき

本書のタイトルは思い切って「予測学」とした。通常は「学」とつくと、ある程度の体系や実験、理論手法や手続きなどが整っている印象を持たれるかもしれないが、ここでの趣旨とは異なる。多くの学問は、さまざまな関連する事例、現象や事案を陳列していく博物的な側面から始まるところがあるが、本書では予測に関してのその始まりの部分を提示する。予測に関するところは、自然界や社会の非常に多くの部分にわたっており、「予測」の専門家ではない筆者が、本書でその全体を記述できるものではない。しかし、各読者に「予測学」という語感から、それぞれイメージを膨らませてもらい、親しみを持ってもらいたいということも、このタイトルの背景にある願いである。

予測の幅広さを実感するために「予測」と関連する単語を辞書から拾ってみると、「予知」「予見」「予想」「予言」「予報」「推測」「憶測」「推定」など数多く出てくる。少し幅を広げれば、ここ数年、話題となっている「忖度（そんたく）」も関連するだろう。予測というのは我々の日常に非常に密接に関係しているし、無意識のうちにもさまざまに行われている。

例えば、故障などで動かないエスカレーターを上るために第一歩を踏み出そうとすると、ちょっと動きがつまるような経験はないだろうか。これは平たく述べれば、我々の視覚情報が意識に上ることなく処理されて、筋肉の予測制御を行うために、これを逆に制御し直す必要が生じるためである（エスカレーターは動いているものとして、足を踏み出そうとしてしまうので修正するのである）。車を運転していても、道を歩いていても、我々はほぼ無意識に他の車や人の流れの予測を行っている。このようなことを考えてみると、逆に人が「予測」をしないでいる時間を見つけるほうが実は難しいとも思えてくる。

仮に、我々から一斉に1分間でも、あらゆる予測をする能力をなくしたら、社会は大混乱に陥るだろうが、その影響の広がりや内容は、まさに予測をすることも不可能だろう。

人は予測する動物である。よりよい予測を求めてさまざまな工夫を積み重ねてきたことは、人類の文化の幹のひとつをなしている。例えば、天文学は不吉の兆候とされる日食を予測することにも起原を持ち、イギリスにあるストーンヘンジはこの目的のためにつくられたという仮説もある。ナイル川流域のエジプト文明とチグリス・ユーフラテス川流域のメソポタミア文明においては、まさに洪水や川の氾濫を予測することが重要であり、そのために天文学は発達した。1年を約365日とするユリウス暦もこの中で創生された。

ちなみに我々がカーナビなどで使うGPS（Global Positioning System）の精度向上に不可欠となったアルバート・アインシュタインの一般相対性理論は、それまでの物理学の理論から導かれた水星の動きと、実際に観測された動きの微小な違いを補正したことで確立された。つまり一般相対性理論により水星の動きをより精密に予測できるようになったのである。古代文明から現代の科学技術にいたるまで、予測は重要な役割を果たしてきたのだ。

また、社会においても予測が重要であることは明白である。イタリア人修道士ジロラモ・サヴォナローナは自らを預言者と主張して、法王と対立しながら、ルネサンス時代のイタリアのフィレンツェを一時的に支配した。彼が市民の支持を得て政治的な力を得たのは、フランス軍の侵攻を的確に予言したことであるように、予測は政治とも結びついてきたのである。

このように予測の対象は幅が広い。通常は未来のことになるが、推定、推測なども含めれば、過去から未来、そして、原子などの極小の世界から宇宙の構造などの無限大を感じさせるところまで、時間的にも空間的にも広がっている。さらに、人間の心理、数学の世界などでも予測や予想は大活躍をしているし、政治、社会、経済市場にも予測は欠かせない。ビッグデータ、ＡＩ（人工知能）など、昨今はやりの技術分野も、それらを使って予測をするということが期待の中心である。

では、予測はどのように形成され、理解されるのであろうか。「風が吹けば桶屋が儲かる」ということわざは誰でも聞いたことがあろう。これは、改めて説明すると以下のような関係の流れである。大風で土ボコリが立つと、それが人の目に入る。すると盲人が増えるが、彼らは三味線を買う。すると三味線を作るために猫皮が必要となって、猫の数が減る。そうなるとネズミが増えてあれこれ悪さをするが、特に桶をかじる。すると桶の需要が増えて、桶屋が儲かる――。しかし、実際には、風が吹いて桶屋が儲かったことはほぼない。いくつか因果の関係件が低い事例が述べられている。例えば、土ボコリが立っても盲人が増えるということにはならない。このことわざは一見するとまったく関係がないと思われるようなところに影響が及ぶことの比喩として、意外な場合を表現するのに使われることが多い。

ことわざの内容は無理筋であっても、さまざまな予測をするにあたっては、対象となる事象の関係性について考える必要があることが多い。あることが起きた時に別のことが必ず起きれば、その2つの事柄には因果関係があると我々は考える。私が存在しているということは、私の母親が存在したという事実のおかげであることは、私の母親と面識がない人にも自明であろう。このような確実な場合については、通常は「予測」とは言わないことが多い。予測が意義を持つのは、関係に不確かさが存在する時である。

数学的にはこのような場合に確率や統計の概念や手法が活躍し、事象間の関係性を考えて、予測の下地を整えていく。特に統計においては、さまざまなデータから相互の関係性を浮き彫りにするというのは重要なテーマである。しかし、数学から出てくる関係性と我々の感覚にはズレも生じる。前述の親子関係のような簡単な例においては、2つの事柄を記述すれば、我々はその関係性が決まると思っている。ところが数学的にはどのようなサンプルデータをとってくるかによって、同じ事柄でも独立や相関の性質が変わってくることがあるのだ。これについては本書でも具体例をあげるが、データの分析では注意する必要がある。

記憶に新しいところでは、平成の最後になって厚生労働省における労働関係統計データの不備が問題となった。また、令和の初めでは、95歳まで生きると公的年金では平均2000万円が不足するという数字も世の関心を集めた。ビッグデータという言葉はすでに人口に膾炙(かいしゃ)しているが、同じ対象に対する関係性や統計的な性質が、数学的な操作上は問題なくても、データのとり方で答えが変わってしまうことや、偏った強調をされることがある。数字になると科学的であるとか信憑性が高まるかのように感じられるかもしれないが、実はそのような数字が打ち出されたことの背景や状況を注意深く見る必要も時としてある。科学者であっても実験で「見たいものを見てしまう」ということは往々にして起きるのである。数字だけの結果から「風が吹けば桶屋が儲かる」を主張していないかも考えるべきなのだ。

このように、数学の分野として予測と密接に絡むのは、確率論や統計学である。筆者自身は、拙著『「ゆらぎ」と「遅れ」 不確実さの数理学』(新潮選書)で述べたような、確率の応用が主な研究対象である。確率と統計は密接な関係にあるが、視点は異なる。また、近年は先に述べたビッグデータ、AIなどの関心の高まりで、一般書、入門書から専門書まで統計に関する良書が多々出版されている。このテーマで書籍執筆のお話をいただいた時にも、私では予測を語るには力不足と感じたが、実は今もそう思っている。しかし、いくつか身近なテーマを調べてみると、興味深い話があちらこちらに広がっており、楽しくなってついつい書き溜めたのが本書である。

よって、「予測」の専門家が予測の関係する分野全般を解説しているというわけではないことはご承知おきいただきたい。

　数学的な側面にはあまり踏み込まない方針で執筆したが、トピックによっては数学的な補足もできるだけ平易なスケッチとして加えた。〔深く知ろう〕という部分だが、こちらは読み飛ばしていただいても内容は伝わるように努めた。より数学的な香りを好む読者は、十分にカバーできていないところもあるので、前述の拙著と合わせて見ていただいたり、さらにより深く広くという読者は、確率や統計の入門書を参照していただきたい。

「予測とはなにか」を問うことで、楽しさも感じたが、同時に予測ということの難しさも、あらためて強く印象付けられた。将来のことを「予測」しようとするのは、それに基づいて「良い」結果や効果を求めたいことが多い。しかし、往々にして予測自体には「良し悪し」の評価はついておらず、いくつかの選択肢を提供してくれるだけである。数学の試験であれば「正解」と「誤答」はほぼ明確であるが、世の中の多くのことは、どの選択をしても良いも悪いもついてくるし、それは評価をする人によっても、短期・長期の時間のスケールによっても、時代によっても変化していく。

　東日本大震災の大津波においては、８６９年の貞観地震まで遡らなくても、１８９６年の明治三陸地震や１９３３年の昭和三陸地震での30メートル級の巨大津波など、過去の記録からの警告も皆無ではなく、関係者による予測も存在していた。予測は単体ではなく、それに対する感度や評価が併せて用いられることで、初めて力が発揮できるのである。

このように、日常の些細なことから、重大事件・災害にわたって広く存在する予測。その重要かつ普遍的な役割に比しては、あまり意識的に考えることがない「予測とはなにか」という問いについて、堅苦しいところなく読者とともに考え、感じていくことを願っての小著である。

予測学　未来はどこまで読めるのか　目次

予測学

未来はどこまで読めるのか

第1章　自然現象に関する予測

地震の予測

予測といえば、日本の社会における重大な関心事のひとつは地震の予測・予知だろう。ここ2、3年でも震度6から7の大きな地震が相次いだ。日本人として生まれ、この国に住んでいれば、一生のうちに1、2回は、国内で大震災が起き、多くの方が被災するという現実に直面するのではないだろうか。そして、直接影響を受ける可能性は誰にでもあり、決して他人事ではない。特に最大震度7を観測した地震は、1995年の阪神・淡路大震災、2004年の新潟県中越地震、2011年の東日本大震災、2016年の熊本地震など過去20年程度に集中している。これらの大地震が起きるたびに、被災され亡くなられる方々があり、我々は自然の力の大きさを思い知らされ、あらたな反省や教訓に直面する。

〈そもそも地震の予測はできるのか〉

2017年8月25日に開かれた中央防災会議の有識者会議は「確度の高い地震予測は困難」として、東海地震を主な対象に「予知」に基づく防災対応を改める必要を指摘した。この背景にあるのは、1978年に制定された大規模地震対策特別措置法（大震法）である。この法律では大地震発生の2、3日前から直前予知が可能との前提で、「警戒宣言」を出して新幹線の運行を止めるなどの強い被害軽減策を定めている。

しかし、阪神・淡路大震災、東日本大震災などの予知はできず、この法律の基礎が文字通りゆらいだ。一般に、技術や観測が進めば、予測の可能性は広がると思われがちである。しかし、地震については逆であった。そもそも日本の周辺は、北米、ユーラシア、太平洋、フィリピン海の4つもの地殻プレートが押し合う複雑な状況である。さまざまな予知のための観測やメカニズムの検討を進めてきたが、その結果わかってきたことは、この複雑さに加えて、大小2000ほどの活断層が全国に存在することや、地殻変動のデータから歪みのエネルギーの溜まる場所を特定することが困難であること、さらに活断層のずれなど地震の発生のメカニズムのありかたも多様であるということである。よくニュースにもなる南海トラフ地震に限っても、宝永地震（1707年）のように遠州灘から四国沖にわたる広範囲のものや、2日間にわたって大きな地震が続発した1854年の安政東海地震と安政南海地震や、時間間隔が2年となった昭和東南海地震（1

944年）と昭和南海地震（1946年）など、多様な発生状況である。このような事実の検証やデータの解析の結果として、日本においては地震についての予知は困難であるということが、より明確になってきたのである。

この8月25日の会議の結果を受けて、特に南海トラフ地震を念頭に、予知前提の防災対応を改めて、地震が発生した後の対応に一部切り替えた。さらに、プレートすべりの発生や、やや小さめの前震の発生など、大地震の前兆の可能性がある異常現象の情報発信を行うという方針も決められた。今後、より具体的な対応が決定、運用されていく予定である。

では本当に、地震予知はまったく不可能なのであろうか。現実には成功例も存在する。有名なものが1975年2月4日19時半頃に中国遼寧省海城市で起きたマグニチュード7・3の地震の予知である。亡くなられた方々が2000人ほどとされ、建物も多く崩壊した大災害であったが、事前の警報により100万人規模ともいわれる避難の実施によって、人的被害は大きく軽減されたという。この予知の背景には1960年代から中国東北部の河北省から遼寧省で大きな地震が起きて活発化していたことがあり、当局が70年よりこの地域での地震の監視体制を強化していたことがあった。実際、この予知にあたっては、監視体制のもとで、いくつかの異常活動の観測が活用された。地震活動の活発化や地磁気の異常などで、前年の74年には中国国家地震局は、当該地域で大きな地震が1〜2年以内に起こる可能性があるとして、防災活動を勧めている。特に同年の12月20日には市民に地震の可能性が高まっていると発表があり、年末にかけて、地震発生数日前の直前予報である「臨震警報」も出された。翌75年にも地震に対応する安全対策や防災訓練が継続された。2月に入ると微小地震の活動が活発化して、特に2月3日には1時間に20回程度に急増し、前兆現象も現れた。こうした前震活動が活発であったことも予知につながる要因となった。これらを受けて、地震当日の2月4日午前10時に遼寧省全域に臨震警報を出し、大規模かつ緊急的な避難活動が始まり、結果として同日19時36分の本震では、建物、家屋の倒壊が甚大であった地区においても、人的被害が大きく抑えられたとしている。

日本でも予め地震警報を出して、その後に発生したケースとして、１９７８年1月14日に発生した伊豆大島近海の地震がある。これは気象庁が「多少の被害を伴う地震が起こるかもしれない」という予測を発表した約1時間半後に起きたマグニチュード7の地震である。

この警報の背景には伊豆半島近辺での異常現象の観測や議論が存在する。異常現象は、長期、中期、短期の3区分に分類された。長期の異常現象としては１９７６年からの伊豆半島の隆起があった。中期としては77年12月から、石廊崎（いろうざき）と網代（あじろ）で「体積ひずみ」や、井戸の水位の異常変動が観測された。また、短期としては地震活動が観測され、前震の可能性が示唆された。これらの現象は直ちに大地震に結びつくわけではなく、それぞれ経験的に前兆である確率が推定される。それぞれが独立に前兆である確率は1%以下と小さいが、積み重なりなどを考慮に入れて確率を計算すると、これらの異常現象がない場合の発生確率が０・０１%以下であったのが、計算の手法による差はあるにしても、直近では１日あたり40%以上という数字が現れたのである。

しかし、残念ながらこの成功は、この後に起きた、より大規模な阪神・淡路大震災や東日本大震災を予知することにはつながらなかった。より大きな規模の現象であれば、より顕著な前兆があるかというと、そうではないところに地震予知の難しさがある。さらに、阪神・淡路大震災においては、東海地震の影響を受ける地域に比べて、地震に対する観測網の整備が少なく、基礎データの収集が十分ではなかった。地震観測網の全国整備が開始されたのは、この後のことで、震災の教訓と反省からであった。

また地震は、マグニチュードが1大きくなれば約32倍のエネルギーを持つが、起きる頻度はマグニチュードが1小さい地震に比べて、約10分の1になるとされる。これは、地震の規模と頻度の関係性に法則があることを見抜いた「石本・飯田の式」によっている。この法則は1939年に東京大学の飯田汲事助手（後に名古屋大学教授）と石本巳四雄教授によって発表された（残念ながら、この法則は遅れて5年後に論文化された「グーテンベルク・リヒター則」として世界的にはより知られている）。つまり、東日本大震災規模のマグニチュード9の地震は、7の地震に比べて約1000倍のエネルギーを持つが、100分の1の頻度でしか起きない。そして、頻度の低い現象の生起の予測はより難しいのである。

2016年4月14日に発生した熊本地震も、それまでの地震に対する知識や想定とは大きく異なるものであった。14日21時26分に起きた地震はマグニチュード6・5、最大震度7であり、その後の余震が警戒されたが、28時間後の16日1時25分には、より大きなマグニチュード7・3、最大震度7の地震が発生した。本震に余震が続くという想定が崩れ、気象庁も前震・本震であったと修正したが、前震・本震・余震の区別が難しいと説明した。これは2つの断層帯が連動した地震であったと考えられているが、震度7が連続して起きた初めての地震である。熊本は地震の危険が少ない県のひとつとして、地震保険料率も東京の3分の1である。この地震は、またしても新たな想定外であり、地震発生の多様さと予測の困難さを、我々に思い知らせた。

筆者の高校時代よりの親友が熊本市にいたこともあり、この熊本地震には大いに慌てたが、幸い彼は無事だった。後日会った時に大きな地震の揺れのすごさや、火災を防ぐためにガス網が閉じられ、復旧も点検に時間をかけたなどの、過去の地震からの教訓が生かされたとの話を聞いた。中でも感心したのが、彼の勤め先では地震後すぐに社員が会社に集まり、それぞれ問題を抱えながらも、その後は会社をあげて、被災者の方々を受け入れるのに尽力した話である。こういう時に現れる日本人の思いやりの美しさは真に賞賛に値する。

〈**30年以内の地震の確率**〉

時々、ニュースや新聞で「30年以内の地震の確率は……」といった見出しを見かける。東日本大震災後の2011年9月には東京大学の地震研究所などの研究チームが、30年以内にマグニチュード7級の首都圏直下型の地震が起きる確率を98%と発信して、社会の耳目を集めた。その後、その値は70%に下方修正されたが、依然として高い確率であることに変わりはない。ではこのような確率はどのように計算されるのか。その基本的な部分を国の地震調査委員会の資料（2001年6月）に沿って紹介しよう。

地域の区切り方や地震の種類による違いなど、さまざまな条件にもよるのだが、とりあえず、ある地点で地層観測やその他の情報から過去の地震の記録が得られるとしよう。そして、ある規模以上の地震はこの地点で平均何年ごとに起きるのかを計算する。具体的にするために、ある断層の活動による一定以上の規模の地震の起きる平均年数が100年であったとする。また、平均値からのばらつきの度合いを示す分散という統計量から、非周期パラメータ（定数）という値を計算しておく。これらの情報をもとに、この規模の地震が起きた時から、次の同規模の地震が起きる年数の確率分布を【図1-1】のような形の関数で推定する（確率分布などについては必要に応じて［深く知ろう①］を参照されたし）。この山のような形を具体的にどのように決めるかについては困難があるのだが、調査委員会では典型的にブラウン到達時間分布（BPT分布）を用いている。この仮想的な例を示した（発生平均年数は100年で非周期パラメータを0・24とおいた）。【図1-1】の確率分布は、例えば次の発生が90年後（90年末から91年末の間）になる確率はいくらかという情報を図の中に示した黒い太線の部分として与えてくれる。他の年についても同様である。また、90年より先のいつかに起きる確率（別の言い方をすれば、90年末までには起きない確率）も90年より未来の確率の値をすべて足した数値として与えてくれる。これは【図1-1】の（黒線も含めた）斜線の面積と考えることができる。

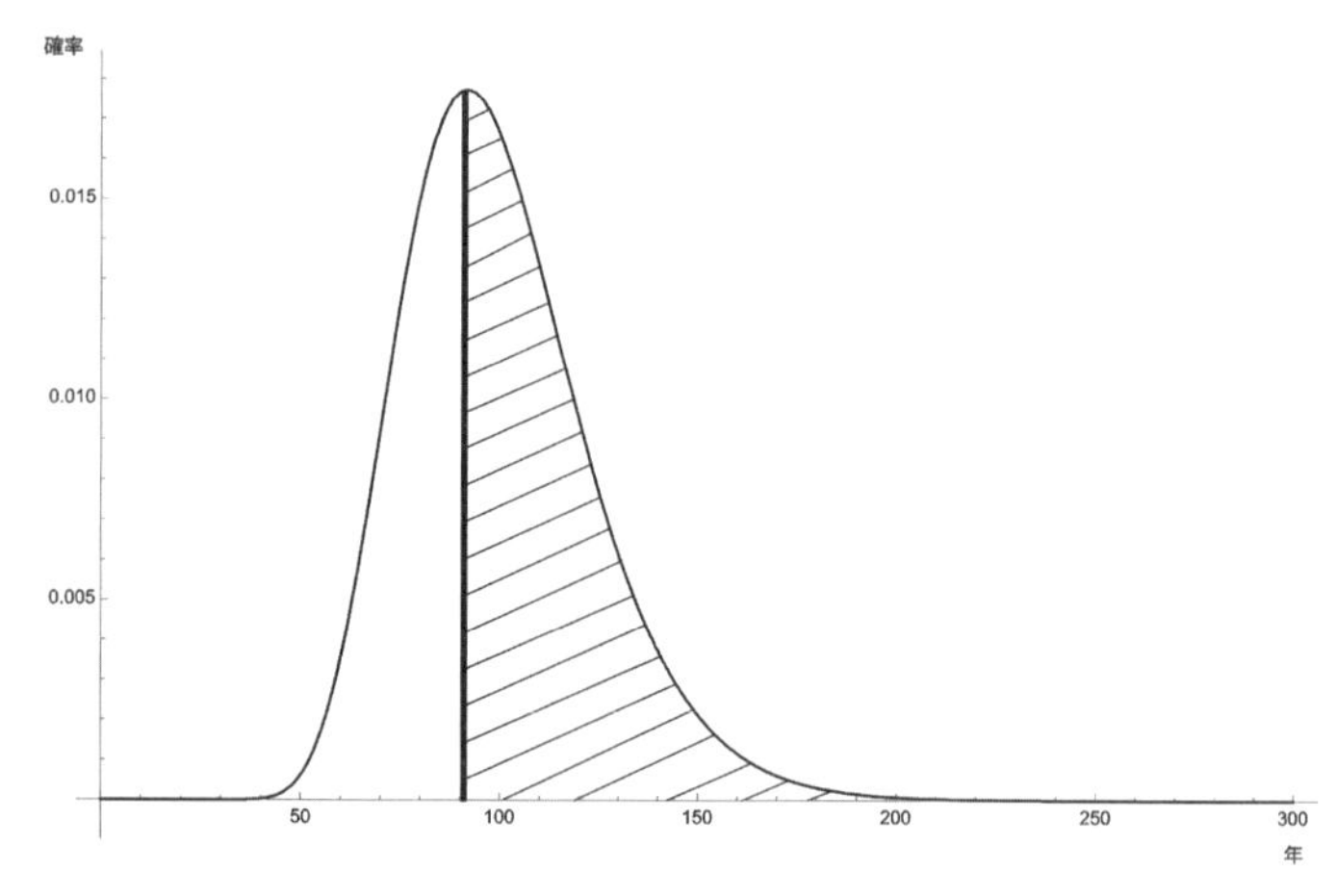

【図１－１】地震発生の確率分布モデルから発生確率を計算する例１

さらに少し複雑になるが、次のように我々が取り上げている、ある期間に起きる確率も与えてくれる。「前回の地震発生から90年間は起きなかった。では、次の30年に起きる確率はどうなるか」。ここでは条件付き確率という概念を使う。27ページの［深く知ろう①］で委細を述べる。

この確率では、【図１－２】の91年と120年の間の黒塗りの面積を、先の【図１－１】の91年以降の斜線の面積で割ったものとして得られる。【図１－２】に示した場合だと、この面積の比、黒塗りの面積対黒と斜線の面積の和となり、０・７すなわち約70％になっている。つまり、90年間起きなかったという事実を受けて、起点を90年において、今後起きる可能性全体の中で、向こう30年に起きる可能性の比率を確率としておいているのである。同様の考え方で90年や30年の数値を変えても計算をすることができる。

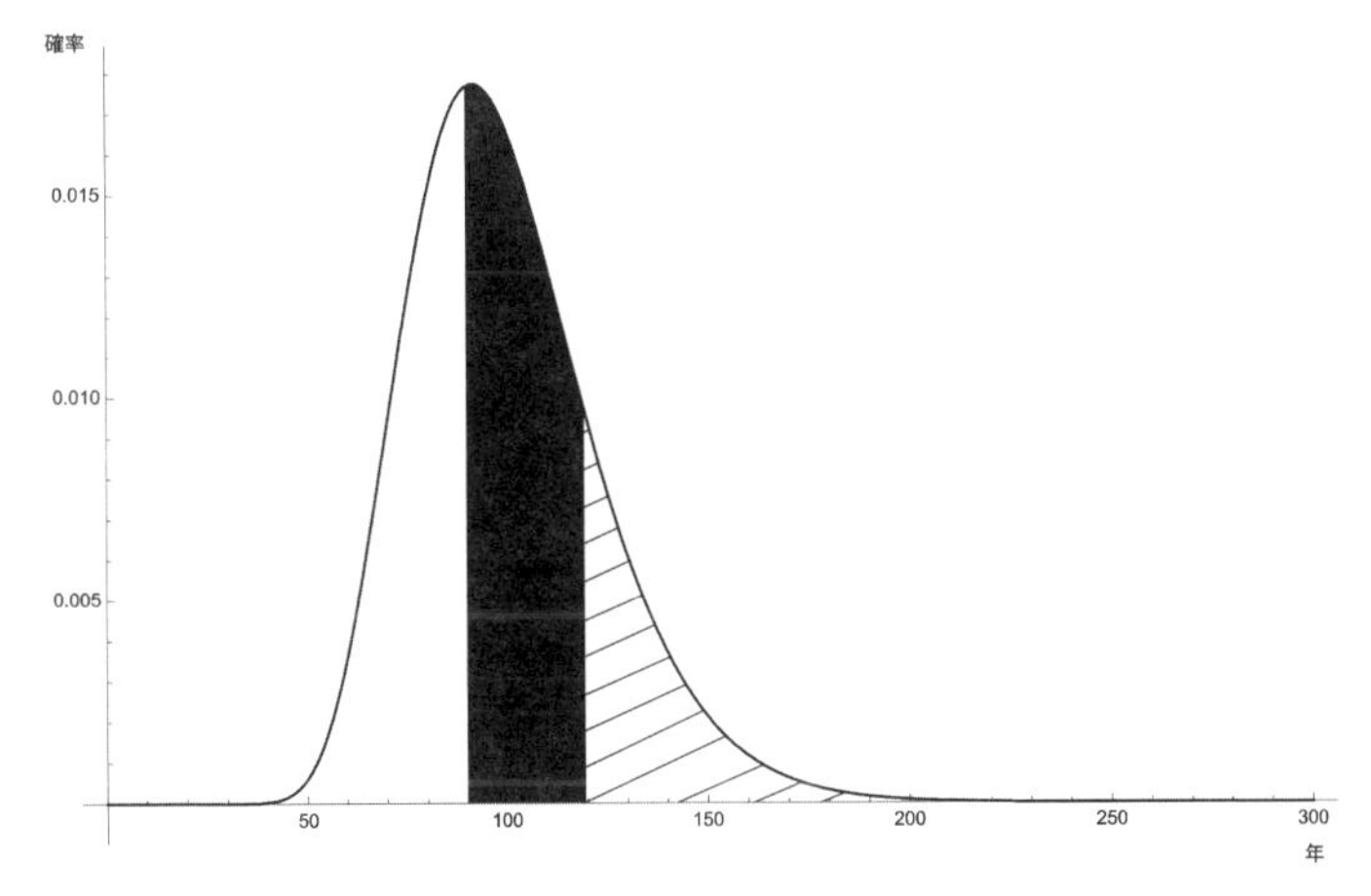

【図１－２】地震発生の確率分布モデルから発生確率を計算する例２

よくあるのが、「29年前に、向こう30年で起きる確率が70％と予想されていたが、29年間は地震が起きなかった。すると残りのあと1年で起きる確率が70％となるのでは」、という疑問である。しかし、前記の考え方を見れば、そうはならないことはおわかりだろう。これを計算するのには、現在より将来に起きる可能性全体のなかで、来年1年間で起きる可能性の比率として計算するからである。この例では１１９年末まで起きないで、１２０年目に起きる確率は、同様に面積の比（黒線対黒線も含めた斜線部分の比）を計算すると約５％である（【図１－３】）。

よって、このような場合にも少しご安心を、と言いたいところだが、しかし、さきに述べたように現状では地震はいつどこで起きるか予知できない。前述の２０１６年の熊本地震では、30年以内のマグニチュード７級の地震発生確率は１％未満であった。２０１８年６月18日に起きた大阪府北部地震でも、

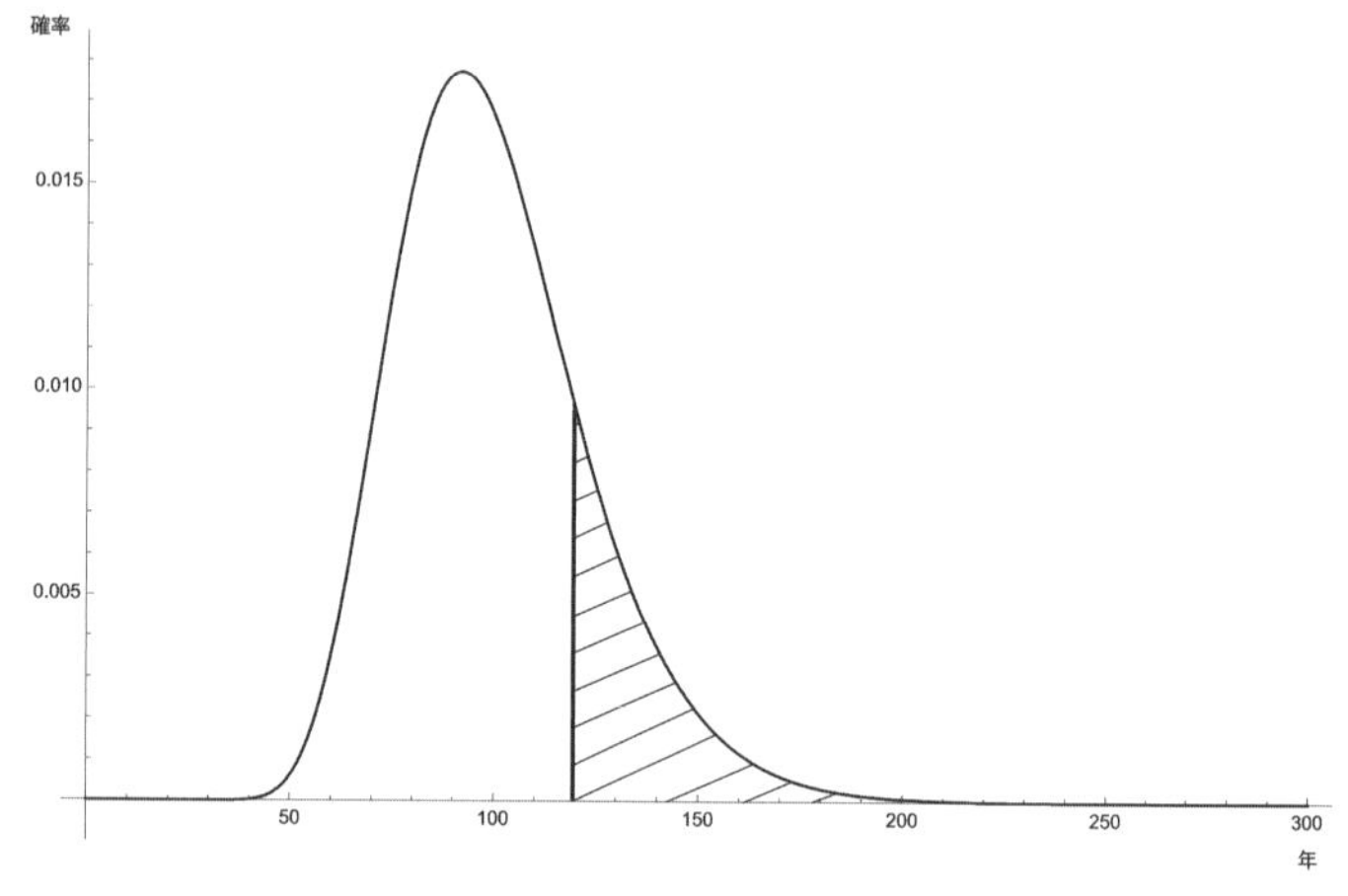

【図1－3】地震発生の確率分布モデルから発生確率を計算する例3

関連している断層で30年以内に地震が発生する確率は0～3％と推定されていた。一方、同年に発表された日本全国の各地点での震度予測によると、30年以内の震度6弱以上の地震が予想される確率は、太平洋側でかなり高く、「地震ハザードステーション」というインターネットのサイトを見ると、根室78％、千葉85％、新宮75％、高知75％などと、文字通り心配である。しかし前述の熊本1％、大阪0～3％の数値を見ると、数値の低さだけでは安心とも言えない地震予知の難しさも浮き彫りになっている。

以前、市民向け講座で、確率の話で地震をとりあげたら、やはり大きな関心を呼んで、講義後の質問はほぼ地震関係に集中した。なかには「南海トラフ地震が、起きる起きると言われ続けて、起きないのですが、どうしてくれますか」との質問もあって参った。自分の地域でも、他でも起きないことが、大きな幸運であると噛みしめながら、少しでも備えるしかないのが、我々の置かれている現実なのである。
最後に神戸市にある阪神・淡路大震災の慰霊と復興のモニュメント、「一・一七 希望の灯り」の碑文を引用し、この節を終えたい。

一九九五年一月十七日午前五時四十六分 阪神淡路大震災
震災が奪ったもの 命 仕事 団欒 街並み 思い出
…たった一秒先が予知出来ない人間の限界…
震災が残してくれたもの やさしさ 思いやり 絆 仲間
この灯りは 奪われた すべてのいのちと
生き残った わたしたちの思いを むすびつなぐ

[深く知ろう①] 数学的な補足

1．確率の基礎

ここでは、本文の内容を理解していただくための一助として、少しだけ確率についておさらいをしておこう。さまざまな予測や推定をするにおいて、この確率の概念は欠かせないものであり、古代から身近に使われている。しかし実は、単純そうに見える問題も、確率が関係すると注意深く繊細に取り扱わねばならないことがある。事実、確率論が数学の分野として整備されたのは20世紀に入ってからである。本項では、この繊細さには触れないまま、解説を試みる。

　まず、サッカーの試合の開始時のレフェリーのコイントスを考えよう。表か裏か当たったほうが、キックオフのボールか陣地を選べる。この時の確率は、表が出ることも裏が出ることも等しいとして考える。このような時、我々は表の出る確率も裏の出る確率も1／2であると言ったり、50％であると言ったりする。コインの作られ方の偏りや、投げ上げ方などの物理的な条件を考えれば、表と裏の出る確率が真に等しいとは言えないかも知れないが、そこは目をつぶる。この「同じように確からしい確率である」という仮定は重要であり、「等重率」とも言われる。また、そのような同時に起きることのない事象（ここでは「表が出る」と「裏が出る」の2つ）を「根元事象」と呼ぶ。別の例として通常の6面サイコロを転がすことを考えると、1から6の各目が出るという6つの「根元事象」があり、それらは皆、同じ出現確率1／6を持つ。

　日常的な確率の活用や問題のほとんどは、この同様に確からしく起きる根元事象が与えられて、その上で対象となる事象の計算をするということである。例えば、サイコロを1回振った時に「偶数の目の出る確率」や「2以下の目が出る確率」を求めるなどである。この時我々が行うのは、「偶数である」「2以下である」という条件を満たす根元事象を集めて、その場合の数を数えて、全体の場合の数で割ることで、確率を求める。前者であれば偶数は「2、4、6」の3通りの場合の数があり、これを全体の6通りで割って1／2の確率となる。同様に後者は、条件を満たすのが「1、2」の2通りなので、1／3となる。

ここまではそれほど複雑ではないと思うが、条件を満たす場合の数の計算が込み入ると問題としては難しくなり、「順列」とか「組合せ」などを考える必要がある。また、そもそも同じ確からしさで起きる根元事象が何か、もしくはどのように設定するかを丁寧に考えないとならない場合も多い。例えば、「N組の夫婦が円卓に男女交互に座るという決まりのもとで、ランダムに席をとった時、どの夫婦も右にも左にも隣り合わせにならない確率を求めよ」という問題などである。これらの委細については割愛するが、確率論の基礎の教科書などを参照してほしい。

2. 確率的な独立

さて、ここで話を少し複雑にして、複数の事象を扱う場合を考える。例えば、サイコロを複数回振るような状況に関する確率である。このような時に、等しい確率で起きる根元事象と並んで重要な概念は、確率的に「独立」であるという概念である。

これも丁寧に考えないといけないのだが、ざっくりと言えば、ひとつの事象の起きることと、他の事象の起きることが確率的に「関係がない」ということである。例えば、サイコロを2回振る時に「1回目に偶数が出て、かつ2回目には2以下の数が出る」という事象の確率を考えよう。この時には通常1回目と2回目のサイコロ振りは物理的に独立していて、影響を及ぼさないと考えられる。数学的には以下となる。まず全体の場合の数は6×6の36通りである。この中で前記の条件を満たす場合は(2、1)(2、2)(4、1)(4、2)(6、1)(6、2)の6通りであるので、確率は1/6となる。一方、1回目と2回目の、それぞれの条件を満たす確率はすでに述べたように1/2と1/3である。そして、上記の結果はこの2つの確率を掛け合わせた結果と一致する。ここで、この2つの事象は確率的に独立であるという。より一般にも複数の事象がともに起きる確率が、個々の確率を掛け合わせた確率と等しい場合に確率的に独立という。

では、一般に確率的に独立でないような状況を考えよう。具体例として、ある会社の社員200人から1人を無作為に選んだ時に、(A)「体重が60キロ以上」で、かつ(B)「身長が170センチ以上」である場合の確率を考えよう(【図1-4】)。一般に、身長が高ければ体重も増えるので、AとBは関係がある。事実、例えば体重60キロ以上の人が120人、身長が170センチ以上の人が100人、そして両方の条件を満たす人が80人であれば、

Aの確率は　120/200=3/5
Bの確率は　100/200=1/2

であって、3/5と1/2の積は3/10であるが、

AかつBの確率は　80/200=2/5

であり、等しくならない。よってこの会社については事象AとBは確率的に独立ではない。
しかし、この独立の概念は数学的に厳密に定義されていて繊細である。例えば、もしAかつBの条件を満たす人数が60人であったとしたら、

AかつBの確率は　60／200＝3／10

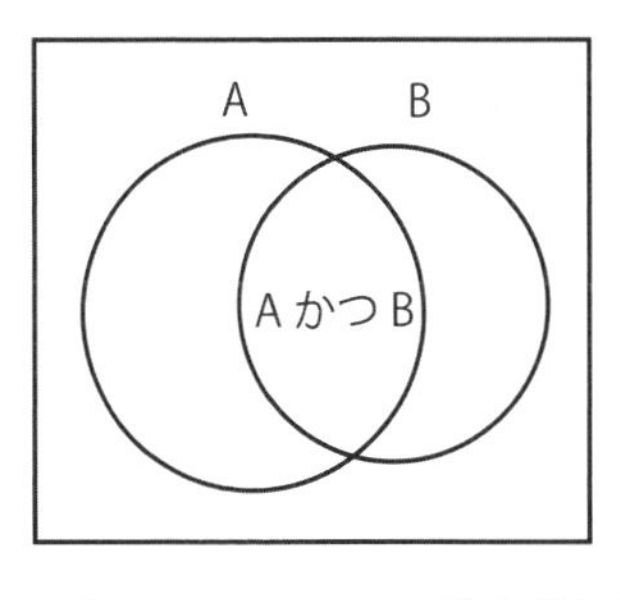

全社員：200
A: 120
B: 100

AかつB: 80 ⟶ 確率的に独立ではない
AかつB: 60 ⟶ 確率的に独立である

【図１－４】確率的な独立についての説明図

であり、AとBは確率的に独立となる。すなわちAとBという条件を述べるだけでは、その間に関係があると一般に考えられるような場合であっても、数学的には確率的に独立であるかどうかの判定はできないのである。

例えば、Bの代わりに、B′「名字があ行で始まる人」とすると、一般には体重と名字は関係がないから、AとB′は独立と考えられるだろうが、これも特定のグループや実験においては、前例と同じように、人数が変われば確率的に独立となったり、ならなかったりするのである。具体的なデータを扱う場合には、時として注意が必要となる。

3．条件付きの確率

これまで見たように、予測や推定をしたい対象の事象が、確率的に独立な事象の共通部分であれば、その確率は、それぞれの事象の確率を計算すれば、その積として求められるので、計算も簡単になる。また、高校くらいまでの数学で扱う確率の問題では、そのようなものが主流である。しかし、現実に我々が予測したい事象は確率的に独立でない場合の複合であったり、すでに関係する事象が観測されていたりする場合がほとんどではないだろうか。今日の天気を知った上で、明日の天気を予測したい。熱が39℃である時に、インフルエンザであるかどうか知りたい、など。実際、予測や推定の確度を上げるために、我々は関連しそうな事象の観測や調査を行う。

このような事前の情報や観測などを用いた上で考える確率を条件付き確率という。簡単にするために2つの事象で考えよう。ひとつの事象（B）が条件で、もうひとつの事象（A）が起きる条件付き確率、つまり「A条件B」の確率は「AかつBの確率」を「Bの確率」で割ることで得られる。

具体例として、先に取り上げた集団の中から1人を無作為に抽出し、

A　体重が60キロ以上である　　２００人中１２０人
B　身長が１７０センチ以上である　２００人中１００人

AかつB　　　　　　　　　　２００人中80人

という状況の時に、A条件Bの確率は次のように求められる。

A条件Bの確率＝AかつBの確率／Bの確率＝（２／５）／（１／２）＝４／５

となる。この例で、条件付き確率の意味を考えよう。選ばれた人がまず身長測定で１７０センチ以上であることがわかった。その上で、この人が次に行う体重測定で60キロ以上となる確率がA条件Bの確率なのである。別の見方をすれば、条件によって全体の場合の数がBを満たす１００人であるので、そのなかで60キロ以上になる確率を考えるということである。これは80人であるので、

A条件Bの確率＝80／１００＝４／５

となる。また、条件付き確率は先に考えた独立性とも関係が深い。もし、AとBが確率的に独立であれば、条件Bを持ってきてもAの確率には影響しない。

A条件Bの確率＝Aの確率

これも、前述した独立の場合について示せば、

A　体重が60キロ以上である　２００人中１２０人
B　身長が１７０センチ以上である　２００人中１００人
AかつB　２００人中60人

この時は、

A条件Bの確率＝60／１００＝３／５
Aの確率＝１２０／２００＝３／５

となって、一致する。

話がわからなくなってきた読者もいるかと思うが、条件付き確率は決して簡単な概念ではなく、理系の大学院生レベルでもこんがらがりやすいので、気を落とさないでほしい。筆者は自分も混

乱した時のために、条件付き確率を刑事ドラマの推理問題になぞらえるようにしている。この例を述べてまとめとしよう。

例えば、ある事件で同じように怪しい5人の容疑者がいるとする。この内のひとりが犯人なので、ある人物が犯人である確率は1／5である。さて、ここである証拠が見つかった。これにより犯人は2人のうちのどちらかに絞られたが、同等に疑わしい。よって残った2人のうちのひとりが犯人である確率は1／2となった。これが証拠を条件とした条件付き確率なのである。

また、もし証拠が犯人特定と無関係なら、つまり独立なら、この証拠を持ってきても、犯人は絞れず、もともとの1／5の確率に変わりはないことも理解いただけるかと思う。

この例にあるように、条件付き確率の考え方は、推定や予測をする時に、我々がごく普通に使っている手法にすぎない。証拠や観測、測定の事実を集めることで、条件をつくり、その上での確率を考えるという主旨である。これを体得していただくと、予測に対する確率の使い出が一気に広がるので、読者も自分の仕事や勉強などの事例で考えてみてほしい。

4．確率の分布

予測や推定においては、あるひとつのことが起きる、起きない、もしくはその生起確率を考えるだけではなく、複数の可能性の中からの選択である場合も多々ある。例えば、無作為に選ばれたある人が支持する政党があるかどうかだけでなく、具体的にどの政党を支持しているか推定したい。ある人の出身地が名古屋であるかどうかだけではなく、日本のどの市町村であるかを推定したい。今月の降水確率だけでなく、1年を通じての降水確率も考えたいなど、選択や、空間や時間などにおいても幅がある中で考えたい時には、「分布」を用いて一覧できると便利である。この分布を示す図は、ニュース番組で出てくる政党支持率の円グラフ分布図、日本地図で色分けされた人口の分布図、ガイドブックなどに出ている月別の降水量の分布図などであるが、これらはよく目にするであろう。このような分布図は確率で記述されていたり、いなかったりするが、全体の数で割って比率を示せば、比率の分布となることは明快である。政党支持率グラフはすでに全体を100%として、それぞれの政党の支持率が示されていることが多い。人口分布の数字も全人口で割れば人口の比率となるし、月別降水量も年間降水量で割れば、各月の降水比率が同様に求まる。この比率の分布は、無作為にひとつの人や要素を取り出した時に、その人の要素がある条件を満たす確率と解釈できるので、確率分布と呼ばれる。

別の身近な例を見てみよう。【図1-5】は100人の学生さんに10点満点のテストを受けてもらった時の、結果を表にしたものである。人数と全体の中での比率が書いてある。また、隣りに比率のデータをグラフにした。これは、この試験を受けた学生を1人無作為に取り出した時の点数、つまり100枚のテストの解答用紙から1枚を無作為に抜き出した時の点数の、確率分布のグラフである(この事例は一つのテストの得点分布を用いているので、より正確にはこのテスト後の答案用紙の束から1枚を抜き出すという作業を数多く繰り返した時の、抜き出された答案用紙上の得点の出現

点	人数	確率
0	2	0.02
1	4	0.04
2	5	0.05
3	11	0.11
4	13	0.13
5	17	0.17
6	18	0.18
7	14	0.14
8	8	0.08
9	5	0.05
10	3	0.03

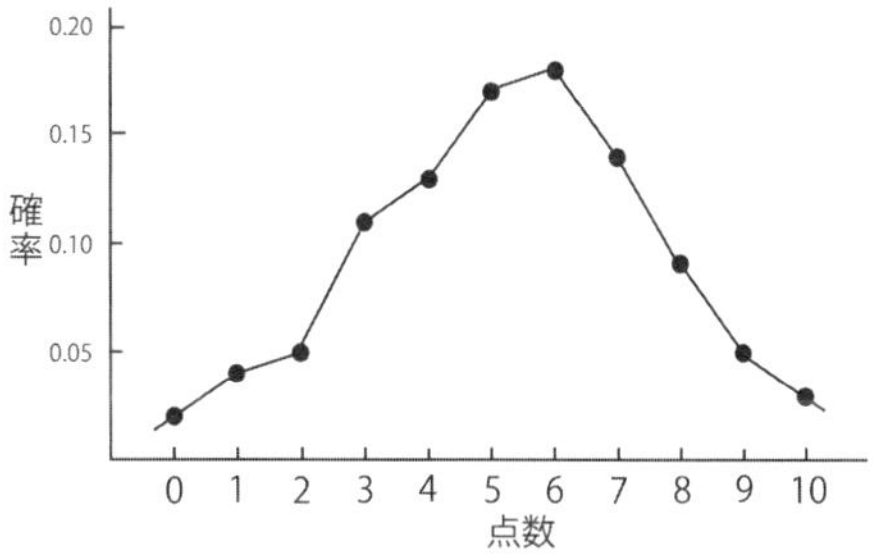

【図1－5】確率分布についての説明図

する確率分布であり、テスト自体を繰り返すという状況とは異なる)。

このようなデータ、もしくはグラフがあれば、その対象となる集団についてさまざまな情報を得ることができる。最もよく使われるのが、平均であろう。テストの平均点と言えばおなじみで、すべての点数を足して受験者数の100で割れば得られる。一方、確率につなげた計算の仕方をすれば、

得点×その得点の確率

を計算して、すべての得点について和をとっても計算できる。このテストの例で言えば、次のようになり、結果は一致する。

点数の総和／総受験者数

(0×2＋1×4＋2×5＋3×11＋4×13＋5×17＋6×18＋7

×14＋8×8＋9×5＋10×3）/100＝5.29

得点×その得点の確率　の和

0×0.02＋1×0.04＋2×0.05＋3×0.11＋4×0.13＋5×0.17＋6×0.18＋7×0.14＋8×0.08＋9×0.05＋10×0.03＝5.29

平均の次の指標は、分散である。これはやはり、テストの結果や受験の指標とされる偏差値とも密接に関係する。委細はここでは省くが、ざっくりとした感覚では、平均点を中心として、どれくらい分布の広がりがあるかということを示す指標である。一般に山の形をした分布では、分散が大きいと裾野がより広がっている。こちらも平均と同じように確率分布から計算できる。

最近はビッグデータブームなので、他にも確率分布から計算できるモーメントやキュムラントなどの指標になじみのある方々も増えてきているかと思う。これらについては、入門書もたくさん出ているので、そちらをあたってほしい。

ここでは、指標を離れて、もう少し確率分布の使い方について考えよう。確率分布は、あるひとつの点だけでなく、ある範囲の確率の計算にも使える。例えば、先ほどの例で、無作為に選んだ学生の得点が、4点以上6点以下となる確率は、この条件を満たす確率を足すだけでよく、

4点以上6点以下の確率＝0.13＋0.17＋0.18＝0.48

となる。ここで注意していただきたいのは、この確率は全体の分布の面積の中での条件に合う部分の面積の比率となっていることである。数学的には確率というのは、長さや面積などを包括した「測度」という概念の一例となっていて、このような単純な例にも、そのような考え方が反映されている。

最後に、前述した条件付き確率についても確率分布から考えてみよう。例えば、この試験では3点以上が合格だとする。では、合格者の中から1人を無作為に選んだ時、その学生が4点から6点の間の得点であったという確率を考えよう。これは合格者、すなわち3点以上を取った学生という条件の元での4点から6点の確率であり、条件付き確率である。これは、3点以上の分布の面積のうちの、4点以上6点以下の面積の比率を計算することで求まる。

4点以上6点以下の確率／3点以上の確率＝0.48/0.89≒0.54

これはすでに求めた条件の付いていない場合の4点以上6点以下の確率のように、全体に対する面積の比率でないことに注意。条件によって分母にくる確率（面積）がより絞られたのである。この、分布を用いた条件付き確率の考え方は前述の地震の予測のところで活用した。

火山噴火の予測

２０１４年９月27日の正午前に、長野県と岐阜県の県境にある御嶽山(おんたけさん)が噴火した。登山者が撮った、噴煙がまたたくまに広がり立ち上っていく衝撃的な動画を、多くの読者もニュースでご覧になったと思う。この日は秋の行楽シーズン中の晴天。しかも土曜日ということもあり、多くの登山者がいた。残念ながら事前にこの噴火の兆候をとらえられずに噴火警戒レベルは最下位の１に置かれていた。このため火口近くにいた方々が噴火に巻き込まれ、死者・行方不明者63人という戦後最悪の火山噴火災害となった。

気象庁は活火山と認識していたようだが、御嶽山は有史以降、知られている火山活動が少なく、昭和のある時期まで、一般には休火山のように思われていた。しかし、１９７９年10月28日に、やはり突然の噴火があり、約１０００メートルの高さにまで噴煙が上がり軽井沢などでも降灰が観測された。早朝５時頃に噴火が始まったということもあってか、幸い亡くなられた方はいなかった。この噴火は一般にも火山活動の想定の難しさを認識させた。79年の噴火のあとも断続的に火山活動は続き、２００９年６月には火山噴火予知連絡会によって監視・観測体制の充実などの必要がある47火山のひとつに選定されていた。

　噴火の前兆をとらえるための監視機器は、火山性地震を検出するための地震計から、地磁気計測や監視カメラ、さらに詳細な地殻変動をとらえるために人工衛星をも活用したＲＥＧＭＯＳというシステムまで、多種にわたり、技術も整備も進んできている。近年においては、宇宙線のひとつであるミューオン（ミュー粒子）を用いて、レントゲン写真をとるように火山を透視して、中のマグマの状態を見ることにも成功している。これによりマグマが火山内部で上昇や下降を繰り返している様子を観測できた。

　一般には、地震に比べれば火山の噴火のほうが予知しやすいと考えられている。これは噴火の前兆現象が、観測でよりとらえやすく、噴火との因果関係もより明確であると考えられているからである。

　しかし、御嶽山の２０１４年の噴火については予知ができなかった。どうしてだろう。これにはいくつかの要因が指摘されている。まず、この噴火は規模としてはやや小規模な水蒸気噴火であったことが予知を困難にした。もし、夜中に起きていたならあのような大惨事にはならずに、周辺地域も避難行動などが必要とされない規模であったのである。このような水蒸気噴火はマグマによって間接的に熱せられた地下水が蒸気として膨張して爆発することによって起こる。このような爆発においてはマグマの動きなどをはじめ噴火の前兆をとらえるのが難しい。マグマの動きが観測にかかりやすいマグマ水蒸気爆発（地下水などがマグマに直接触れて水蒸気が発生し爆発する）やマグマ噴火のほうが、より規模が大きいが、予知はしやすいのである。

さらには、観測の状況である。御嶽山の観測には、名古屋大学も地震計のデータを分析するなど、観測活動に参加していた。これらの観測データとその分析に基づいて噴火警戒レベルなどが決定される。しかし、2014年の噴火直前には、設置されている地震計の幾つかが故障で観測ができなかったという事実が報道された。気象庁自身の設置観測機器も現在は35点ほどあるようだが、この噴火前は10点以下であり、観測網の整備が後手に回ってしまった可能性は否定できない。2017年1月には、犠牲者の遺族から、このような整備状況などから噴火警戒レベルの引き上げを怠ったことが災害につながったとして、国家賠償法に基づく訴訟が起こされている。法的な判断はおくとして、御嶽山はこのように1979年と2014年の2回にわたり、噴火予知の難しさを関係者に示した火山となった。

逆に、噴火予知が成功した事例も挙げておこう。代表事例は北海道・有珠山の2000年3月31日の噴火である。この噴火では熱泥流の噴出があり、全壊住戸234戸、半壊217戸の被害があったが、噴火の前兆をとらえ、数日前より開始された避難活動により、1名の犠牲者も出さずにすんだ。

この噴火においては、気象庁が、通常は噴火後に発信する「緊急火山情報」を噴火前の3月29日と30日の2回にわたり出すことで、厳重警戒と避難を呼びかけた。これに応じて約1万6000人の事前避難が行われたことで、犠牲者が出るのを防ぐことができた。

この予知の成功にはいくつかの要因があったとされている。まず有珠山は１６６３年以降30年から50年程度の周期で噴火を繰り返しており、有感地震の頻発など前兆を示す異常現象の蓄積がなされていた。噴火の種類はマグマ水蒸気爆発と水蒸気爆発の混合であり、火山性地震が数日前より活発化していて、噴火につながる前兆と認識もされた。また、充実したハザードマップの作成配布など事前に地域住民に対する防災意識の喚起がなされていた。そして、この地震の噴火前から北海道大学の岡田弘教授を中心に、きめの細かい住民への情報提供が会見、メディア、行政を通じて行われていた。

２０１５年5月29日の鹿児島県・口永良部島の噴火においても、地下のマグマの状態の変化などをとらえることで事前対応が可能となった。この島では噴火が数年から数十年おきに頻発していて、過去には度々、死者や負傷者が出ている。しかし、１９９０年代以降の地震計による計測などで、観測網も充実していたことが、迅速な対応につながった。

数日前には火山研究者たちがいよいよ間近と判断をして、住民説明会を開いた。ここでは予測された火砕流の方向や、具体的な避難場所への指示が行われていた。こうしたことで住民や自治体の噴火に備える意識が醸成されていた。

そして、5月29日のちょうど10時頃にマグマ水蒸気爆発が起きた。予測された通り火砕流が発生したが、事前の準備もあり10時15分に島全域への避難勧告が出されたあと、救助隊の派遣などで、16時前には全島民が避難することができた。噴火の規模としては前述の御嶽山より大きかったにもかかわらず、結果としては男性1名がやけどをしただけで、死者を出すことはなかった。

一方、噴火がいつ収束して安全になるかという予測は、逆に地震の時よりも難しいとされている。地震の場合には本震のあとに、指数関数的に余震が減っていくので、ある程度のめどが立つ。しかし、火山噴火においては、マグマが下がっていっても、またいつ上がってくるかの予測が難しいのだという。概ね地下10キロくらいのところにマグマ溜まりがあるのだが、より深いところにも供給源が存在する。しかし現状の技術では地下30キロくらいまでしか、マグマの状況を見ることができず、再上昇の予測が困難であるという。

この口永良部島の噴火でも避難指示をすべて解除するには1年以上の時間がかかっている。予測技術の現状ではどうしても長く時間を取らざるを得ない。その間、当事者は先の見えない状況で避難生活を過ごすことになり、辛いところである。不幸にして、口永良部島では再度噴火の予兆があり、2018年8月には、噴火警戒レベルが避難準備に引き上げられ、その後も警戒が続く状況になっている。

火山では、いつ噴火するかの予測が最重要だが、噴火した場合どのような状況になるかということの予測も重要である。ここでは、数学的な手法と観測とを連動させた研究が進んでいる一例として山形大学の常松佳恵(かえ)准教授の研究を紹介する。

対象は2014年11月から2015年5月までの阿蘇山における噴火で飛び散った岩(火山岩塊)の様相である。これらの岩塊が噴火によって放物線を描く様子などを観測することや、それ

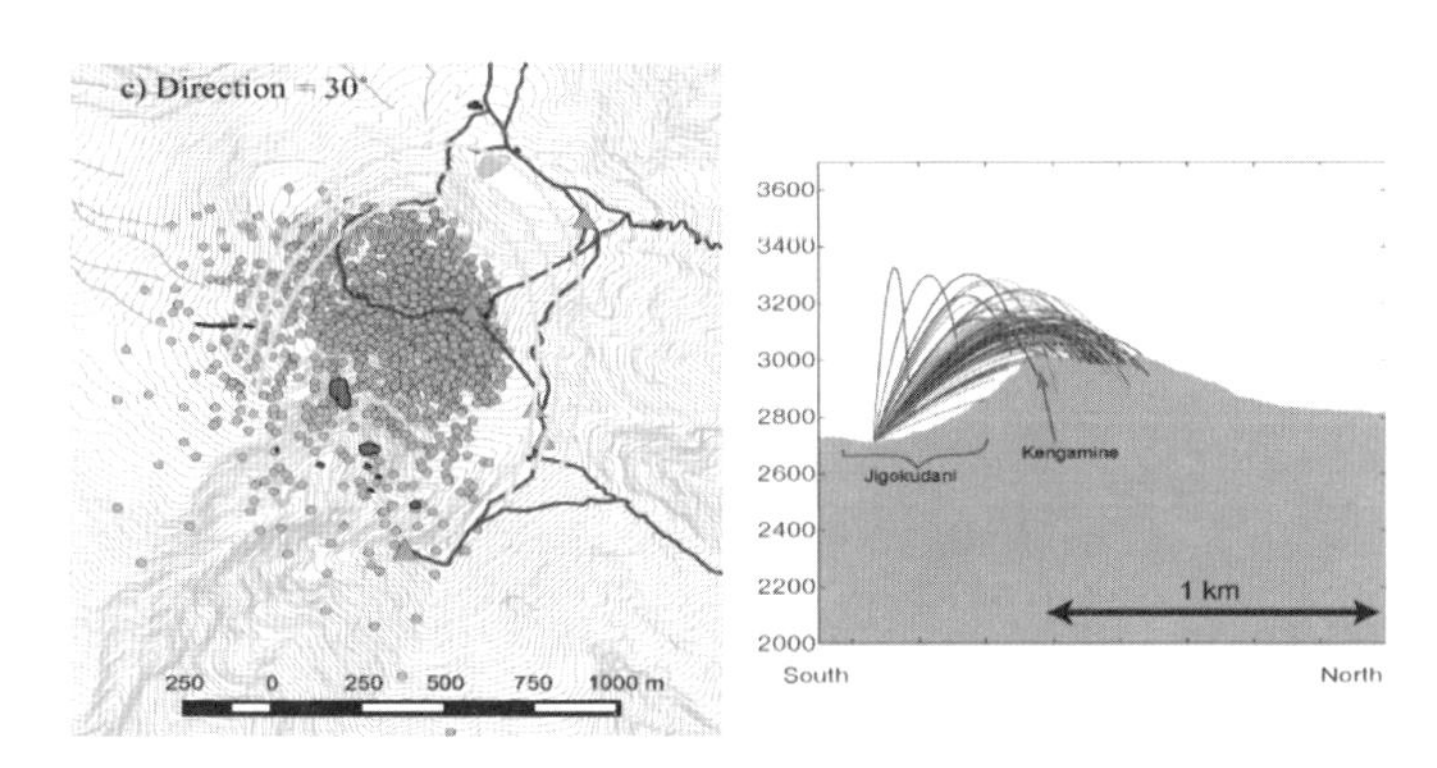

【図１－６】常松准教授による御嶽山の調査（写真）と数理モデルによる噴出岩石の軌跡の推定（提供：常松佳恵准教授）

がどのように堆積分布するかを調べることで、噴火のエネルギーを推定することなどが行われている。しかし、噴火の際にはガスも多量に噴出されるため、投げたボールが放物線を描くような単純なモデルでは解析できない部分が大きい。常松准教授らの研究では、このガスと岩がお互いに影響を及ぼすところまで含めて探究している（【図１－６】、御嶽山の解析例）。

観測は中岳の中央火口丘に取り付けられたビデ

オカメラの画像などから岩塊の軌跡を抽出する。これをガスの動きなどを含めて解析する数式と突き合わせることで、噴火のエネルギーやガスの流れの速度を推定するのである。この研究においての結果は以下であった。

ガスの流れについては秒速数十〜100メートル程度が推定され、同様の噴火タイプで得られる結果と照合した。しかし、岩塊がどの高さまで到達するかなどについては数式の理論とは一致が見られなかった。これらから、現状の数学モデルで勘案されていない、爆発の深さや噴出する岩塊の数、空気抵抗などを考慮することも、よりよい噴火状況の予測と防災範囲の設定などには必要であると議論されている。

地震と同じように火山の噴火にも多様性があり、ひとつの成功例を他に簡単には適用できない。有珠山のように観測データの蓄積と地域住民、登山者などへの情報提供と注意喚起は、被害を最小限に抑える2本の重要な柱となる。御嶽山の噴火のあとには、火山観測に関係する研究者や人員の不足が報道された。前述の常松准教授も噴火後の御嶽山の調査には参加しているが、限られた予算のなかで四苦八苦しながらの、観測・研究活動が行われていると話していた。観測網・技術のさらなる充実と進展を願うところである。

御嶽山の噴火では、同僚の数学者の友人が遭遇して、助けを求める声やうめき声の中を避難しなければならず心苦しかったという話を聞いた。新聞でも、山頂付近で周囲の被災者が亡くなる中、翌日になって救助された女性の手記で、防寒具をたまたま持っていたといったほんの些細な違いが生死を分けたとの話を読んだ。

この本を書いている2018〜19年も、大雨、台風、地震と災害が続いている。「自然の力にはかなわない」と言ってしまえば、それまでかもしれないが、災害と「運」、数学や科学でできる予測や予知の役割とその限界、危機感の共有、など身につまされながら、考えさせられることが多い。

天気の予測

日常生活で身近な予測のひとつは、天気予報であろう。筆者が子供の頃に比べて、世の中いろいろなことが変わったが、ニュースの天気図だけはあまり変わっていないので、ほっとするところがある。

しかし、その裏にある予測・予報技術は大きく進歩しており、精度は向上し続けている。ここでは、その背景にある数学や技術などに注目しながら概要を述べていきたい。

まず、天気予報が対象としている天気とは、物理的には主に水（水蒸気）や空気の複雑な流れである。流れる物質をあつかう数学と物理学は「流体力学」と呼ばれる。これは味噌汁を温めた時の流れ、風呂の水を抜いた時にできる渦など、日常的なものから、飛行機を飛ばす技術、海流から、太陽からのプラズマの風の流れなどなど、さまざまな大きさや領域で普遍的に現れる現象を対象にしている。

理想化された数学で扱う流体モデルはナビエ・ストークス方程式といわれる数式で記述される。この方程式は非線形偏微分方程式といわれる種類の方程式で、解くことは非常に難しいことで知られている。特に非線形という性質が後に述べるカオス（混沌）に近い振る舞いにつながる。これは現象としては流体を下から熱したり、流体の中で物を速く動かした時にできる乱流という、複雑で乱れた流れに対応する。

また、気象学者のエドワード・ローレンツは、より大きなスケールでの大気の熱対流についての現象を数学で記述した。これは3つの連立した方程式となるが、これも解くことが難しく、やはりカオスという複雑な動きを生み出す。

カオスなどの現象の最大の特徴は、ほんの少しの条件のずれが急速に大きな違いにつながってしまうということである。これは、現時点でどんなに厳密に測定しても、予測不可能になるほど小さな誤差が拡大してしまうということなのである。

さらに、空間的にも時間的にもスケールの違うデータもよく考慮する必要がある。つまり、名古屋の明日の天気は、今の名古屋の気象データだけからは予測できない、より広範な地域のデータが必要である、ということだ。

このような理論的な背景を考えていくと、天気のように規模、要因の多様さを持つような複雑な現象について、ある程度の予測ができているという現状は驚くべきことである。

では、その現場ではどのようにこの困難な予測を行っているのだろうか。１９９０年代になる前は主に人間の手で天気図を作り、経験や勘によって天気予報を出していたらしい。このため正しい予報の確率がある程度の値となっていたのは、せいぜい２日後までだったという。

しかし、１９９０年代以降は大型コンピュータを駆使した予測が中心となる。実際に数式を用いて天気の予測をするという試みは１９２０年代頃から行われていたといわれるが、人間の数式処理能力を遥かに超える難問であることがすぐに判明した。第二次世界大戦後から、世界初の実用的コンピュータと呼ばれたエニアックを用いた数値計算予測が行われ、ある程度の成功を収めたことで、コンピュータの活躍の方向性が示された。

アメリカでは１９５５年、そして日本では１９５９年よりコンピュータがそれぞれの国の気象官庁で使われるようになる。しかし、この頃のコンピュータは残念ながら非力であり、数値計算予測は現場の予報官の支持を得るまでに30年ほどの年月がかかったのである。

コンピュータを用いた予測では、気圧、気温、大気の流れ、水蒸気の状態、雲の状態、地表や海面からの放射など熱の流れ、降水の状況などの多くのデータを活用する。そして、これらのデータも地上観測、海上観測、レーダー、気象衛星などさまざまな観測手法を用いて収集されているのである。

このデータは世界中から送られてくるが、それらから大気の領域を格子メッシュで細かく覆って、それぞれの点での気圧、気温、風などの値を計算し、そしてそれがどのように推移していくかの予測を数式を用いて行うのである。数日先の日本の予報を行うためには、地球全体をカバーする全球モデルという地球全体の気象状況の数値予測が必要となり、１日に数回行われている。この全球モデルでは、地球全体を格子メッシュで覆うのだが、この格子点の間の距離が短くなればなるほど精度が上がる。格子間の距離は、１９８０年代は２８０キロだったが、現在は約20キロまで向上した。一方、格子点の数も増えるので、計算量も増加する。このため可能な限り高性能なコンピュータを活用することが望まれている。そして、さらに細かい地域の予測をするためには、メソモデル（格子間隔5キロ）、そして局地モデル（同2キロ）が開発されていて、数時間から2日先程度までの予測を行っている。

ちなみに日本の官庁で初めて導入されたコンピュータは前述の気象庁に向けてのものであった。現在、天気予報のためにはコンピュータはなくてはならないが、逆に、天気予報や気象予測はコンピュータの技術を発展させ、現実に応用するための、非常に重要な課題でもあったのである。そしてこの流れは現在も続いている。２０１７年時点での日本最速のコンピュータ「京（けい）」では、後に述べるがゲリラ豪雨の予測などのための研究が進んでおり、このような応用で浮かび上がってくる課題が次世代のより高性能なコンピュータの設計や開発に生かされていくのである。

さて、こうした気象庁におけるコンピュータの計算が、予測のすべてかというとそうではない。

これらの計算結果を土台にしながらも、予報官による分析を経て天気予報となるのである。また、気象庁の計算結果は、1993年5月の制度改正により、民間企業にも提供されるようになり、一部の警報や注意報を除けば、気象予報士の国家資格を持つ人を自前で抱えることで、民間も天気予報を出すことが可能になった。これらの民間気象事業者は、気象庁から提供されるデータの他に、独自のデータや分析を加えて、天気予報を発信できる。このような事業者は100以上あり、ニュースメディアはそれらの事業者とも提携している。

独自のデータ分析などの「味付け」の部分はさまざまであり、業者によって予報が異なることもある。実際にはどのように独自色を出しているのだろうか。

例としてウェザーニューズをあげると、全国に1万3000地点の観測網を布いている。また、会員も観測網の一部となっていて、その時点での各地の気象情報を寄せるネットワークを作っている。1日あたりで平均18万の情報提供があり、まさに「集合知」が予測に役立っているのである。さらに、最近では独自の人工知能技術を活用した、時間、空間、そして降水分布などにおいて、より高精度の予測モデルも開発してアプリとして配信している。

このように天気予報には、最新技術が次から次へと導入されていて、予測精度も向上している。しかし、局地的な竜巻や豪雨などについては、まだまだ予測が困難なところがあるという。次の節では豪雨の予測について概説する。

［深く知ろう②］数学的な補足

本文に出てきたナビエ・ストークス方程式やローレンツ方程式について概説しよう。それぞれの方程式は【図1-7】と【図1-8】にある通りである。

まずナビエ・ストークス方程式であるが、【図1-7】に示したのは非圧縮性（密度一定）流体といわれる場合の簡略版である。しかし、見ての通り、十分に複雑な式である。少し説明すると、vは各地点での流れの速度で、この方程式では基本的に、速度がある地点でどのように変化するかを示している。ご存知の方も多いと思うが、最近の天気予報では、風の強さを矢印の集団で表して、時間の経過とともにこの矢印の集団がどのように変化していくかをコンピュータグラフィクスで動画にして流すこともあるが、このvはある地点での風の矢印のベクトルのことである。委細は省略するが、ρ（ロー）は密度（ここでは一定）で、pは各地点での圧力（天気なら気圧）、ν（ニュー）は粘性の度合い（さらさら、ドロドロなど）、そしてgはその他の外力である。これらの要素が関係することで、流体の流れというのは決まっていると考えられている。この方程式の解についての十分な理解はまだなされておらず、数学においても物理学においても重要な未解決問題である。事実、アメリカのクレイ数学研究所の7つのミレニアム懸賞問題のひとつとして、100万ドルの懸賞金がかけられている難問なのだ。

続いて、ローレンツ方程式である（【図1-8】）。この方程式はナビエ・ストークス方程式を簡略近似することで得られた。こちらについては変数などの説明が込み入るので省略するが、鍋に入れて下から温めている水、もしくは太陽によって温められた地表付近の大気などが熱対流を起こすような状況のモデルとなっている。x、y、zの3つの変数を持つ3次元の式である。この方程式の意義は、別にも述べるがカオスという現象の発見につながったことである。3つの変数の初期値を決めると、そこから出発して3次元空間の中で軌跡を描くことができる。これを示したのが【図1-8】の図である。複雑な軌道を取るのだが、まったくの無秩序ではなく、長い時間がたつとここに示したような葉っぱを2枚つなげたような形の上をなぞるように動き回ることになる。このような形を持つ構造をストレンジ・アトラクターと呼び、カオスを生み出す非線形現象ではよく現れる。

$$\frac{\partial \boldsymbol{v}}{\partial t} + (\boldsymbol{v} \cdot \nabla)\boldsymbol{v} = -\frac{1}{\rho}\nabla p + \nu \nabla^2 \boldsymbol{v} + \boldsymbol{g}$$

$\boldsymbol{v} = \left(v_x, v_y, v_z\right)$：速度ベクトル

$\boldsymbol{g} = \left(g_x, g_y, g_z\right)$：外力ベクトル

p：圧力　ρ：密度　ν：粘性

$$\nabla \equiv \left(\frac{\partial}{\partial x}, \frac{\partial}{\partial y}, \frac{\partial}{\partial z}\right)$$

$$\nabla^2 \equiv \frac{\partial^2}{\partial x^2} + \frac{\partial^2}{\partial y^2} + \frac{\partial^2}{\partial z^2}$$

【図1-7】ナビエ・ストークス方程式

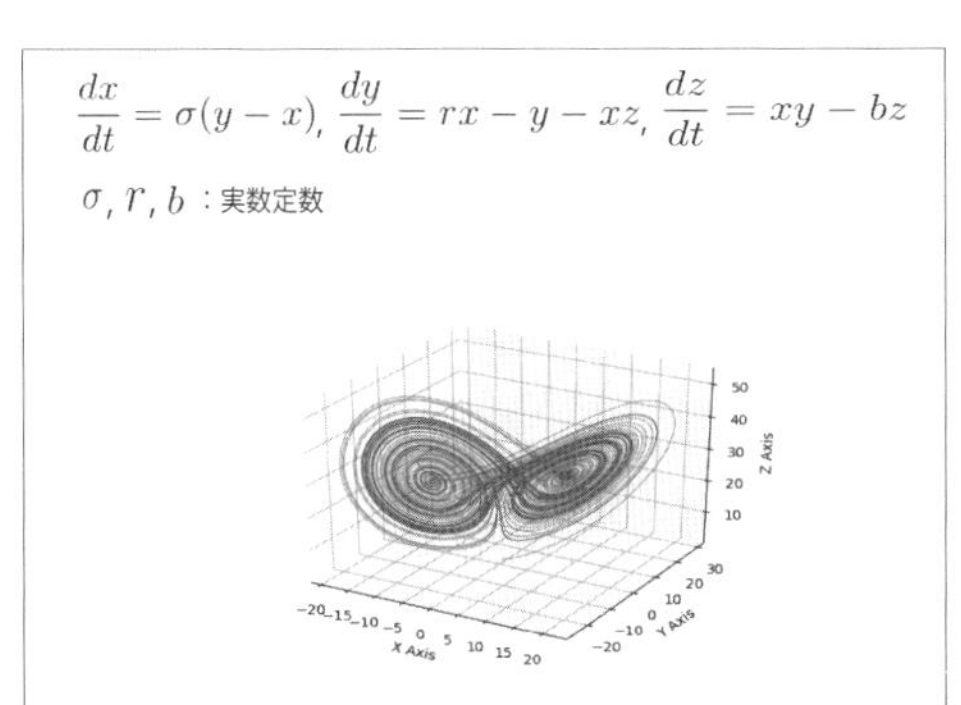

【図1-8】ローレンツ方程式とカオス解の例

豪雨の予測

名古屋の郊外にある犬山市には国宝の犬山城がある。室町時代の1537年に築城され、現存する天守は日本最古であるという。筆者も天守に上ったことがあるが、なかなかの眺めである。さて、その天守の上に鯱(しゃちほこ)が、より有名な名古屋城と同様に2体飾られているのだが、このうち1体が2017年の7月12日に激しい雨をともなった落雷により、吹き飛ばされてしまった。この豪雨では名古屋の一部も冠水した。

城の鯱が吹き飛ばされるとは、天変地異の恐ろしさよ——とまではいかないかもしれないが、近年は異常気象が日常であるかのような印象を受けるほど、日本各地で激しい気象現象が起きている。後に気象庁が「平成30年7月豪雨」と命名した2018年の6月末から7月初旬に西日本を襲った豪雨は、200人以上の死者を出した平成最悪の豪雨災害となった。特に局地的な豪雨が災害につながることが増えて、その予測と対応が求められている。

これらの豪雨をもたらす原因として「線状降水帯」という言葉が、報道で使われるようになった。逆にやや聞かれなくなった言葉が「夕立」である。夏の午後に「どしゃぶり」をもたらす夕立も、線状降水帯も、積乱雲が関係すると考えられているが、どこが違うのだろうか。夕立のような場合は、ある意味、独立した積乱雲が発生し、降水をもたらすことによってしぼんでゆき、雨の降る時間は比較的短時間ですむ。一方、線状降水帯ではベルトコンベアに乗ったように積乱雲が移動し、その後ろで次々とあたらしい積乱雲が発生するという状況になっている。このため雨の降る時間が非常に長くなるのが特徴である。線状降水帯は典型的には幅が20〜50キロで、長さは50〜200キロ（【図1－9】）。その生成は、暖かく湿った空気が山や前線にぶつかり上昇し、積乱雲が発生、それが上空の風で流され、空いた風上に積乱雲が次々と発生し、線状に連なるというプロセスを経ることが明らかになってきた。

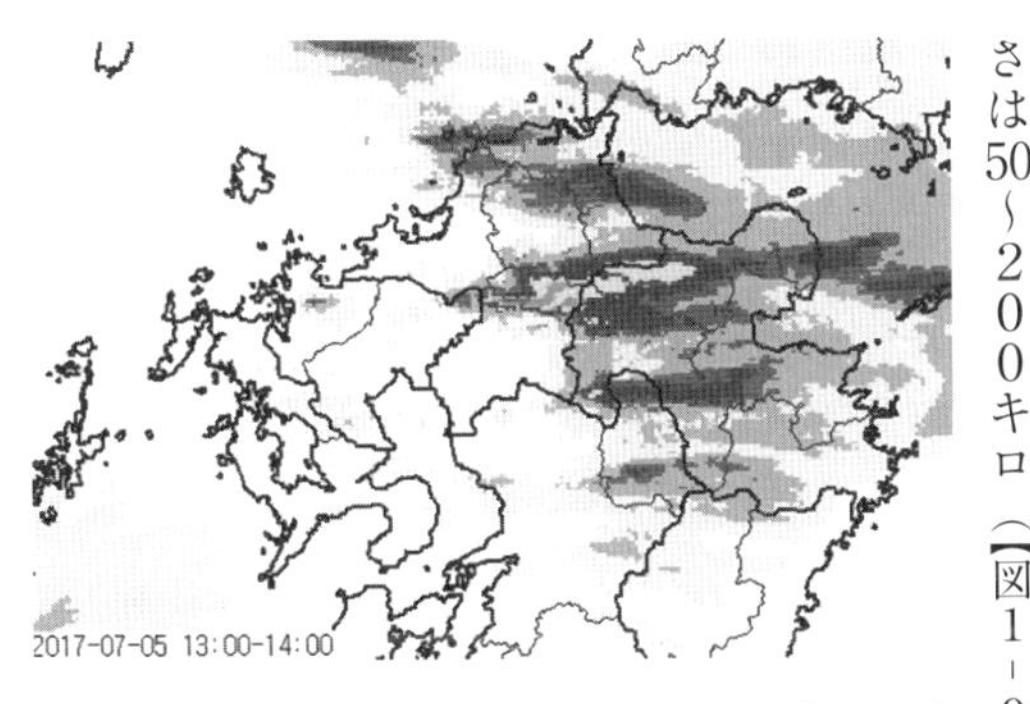

【図1－9】2017年7月5日の九州北部豪雨の際の線状降水帯
（以下より転載：By Original: Japan Meteorological Agency, Add the date and time: Pekachu, 気象庁「梅雨前線及び台風第3号による大雨と暴風 平成29(2017)年6月30日〜7月10日［速報］」p.5, 2017-07-11, CC 表示4.0, https://commons.wikimedia.org/w/index.php?curid=61052022）

気象庁の研究によれば、1995年から2009年の集中豪雨261事例中の64・4％、168事例が、規模の大小はあるものの線状降水帯によるものであると分類されている。死者・行方不明者が700人を超えた1957年の諫早豪雨や、同100人を超えた1983年7月の山陰豪雨もそうであるが、特に近年に頻発して大きな被害を出している豪雨も線状降水帯によると考えられている。２０１１年７月の新潟・福島豪雨、12年７月の九州北部豪雨、13年８月の秋田・岩手豪雨、14年８月の広島豪雨、15年９月の関東・東北豪雨、そして17年７月の九州北部豪雨など、豪雨にともなう災害は、ほぼ毎年発生している。

しかし、その発生予測はまだ困難である。発生プロセスに関係するデータとその観測が不十分であることが主因だという。特に地表から数百メートルの高度までの大気下層の水蒸気量の観測データが重要であると、ここ数年で明らかになった。暖かい空気の方がより多くの水蒸気を含むことができるが、線状降水帯のように次々と雲を発生させるためには、多量の水蒸気が必要となる。また逆に水蒸気の量が急激に増加することが雨雲の発生の予兆ともなっている。こうしたことから、水蒸気をより精密に測るための観測が活発に研究・開発されているという状況である。

この水蒸気量や分布の観測には、筆者の研究テーマでもある時間の「遅れ」が活用されているので、少しだけ触れる。まず、ＧＰＳ衛星などの活用である。衛星から発信される電波が地上に届くまでの時間は、大気中の気温、気圧とあわせて水蒸気量からも影響を受ける。この性質や衛星軌道の情報などから、電波が発信されてから地上の受信機に届く時間を分析することで、水蒸気量を推定できる。気象庁では、この方法を用いて、日本全国の１２００ほどの受信機とあわせて、海洋気象観測船にも受信機を搭載し、水蒸気量の解析を行っている。

また、レーダーを近隣のビルなどの固定建造物に照射して、反射して戻ってきた電波の持つ情報から、大気下層の水蒸気量の分布を推定するという手法も開発されている。これも、水蒸気の存在が大気中の屈折率を変化させて、電波の進行速度を遅らせるので、その遅延の時間と、レーダーと反射建造物の距離などを用いて解析を行う。また専用のレーダーだけでなく、地上デジタル放送の電波の伝搬の遅延を用いる技術も開発されている。

他にもいくつかの観測技術の研究が進んでいるが、これらの手法の研究開発やデータの蓄積が線状降水帯などの集中豪雨の予測に重要な基礎を提供することになるであろう。

また、豪雨の予測に関してはスーパーコンピュータ「京」も活躍している。ご記憶の方も多いかと思うが、この「京」は、2009年の民主党政権の事業仕分けで「2位じゃダメなんでしょうか」というコメントを浴びて、一時は開発凍結とされたスパコンである。その後、予算が復活して、開発中の2011年には世界1位となり、12年6月に完成した。神戸のポートアイランドにある理化学研究所の拠点で19年8月まで稼働し、後継の「富岳」が現在構築中である。このスパコンには、我々の使うパソコンに入っているCPUと呼ばれる中央演算処理装置が、約8万8000個搭載されていた。つまりこのスパコンで適切に設計されたソフトウエアシステムは、多くのコンピュータを同時並列に動かしたのと同等の計算能力を持っていた。しかし、現実には同時並列に処理をするようなプログラムを書くことは難しく、そのようなプログラムを書くこと、また書きやすいような開発環境を整えること自体も活発な研究対象分野となっている。

この「京」とその後継の「富岳」の高性能が必要とされ、また活用できる重要研究プロジェクトのひとつとして、気象予測、そして豪雨の予測の探究が進んでいる。特に、積乱雲の発生から消滅まで30分ほどの短い時間で豪雨をもたらすような「ゲリラ豪雨」は、予測が困難とされていたが、この課題にも挑戦している。２０１８年の1月の発表では、このプロジェクトが気象衛星ひまわり8号などからのデータを「京」に取り込み計算する技術を開発し、1時間毎の気象予測の更新を10分毎にする新しい天気予報の可能性を示した。これにより、短い時間に起きる気象変化の予測も視野に入ってきている。さらに神戸と大阪に設置されたレーダーから得られる大量のデータを駆使して、局地的には30秒毎に30分後の雲の形状の3次元計算を行い、ゲリラ豪雨の予測をするという目標に向けて研究が進められている。

一方では、予測ができても、それに対する感度を上げ情報周知がされなければ、災害は防げない。例えば、50年の間、安全だった地域が危険だと言われても避難への切迫感は生まれにくいであろう。前述の２０１８年7月の、いわゆる西日本豪雨では、気象庁は大雨ではほとんどしない事前の警戒呼びかけを7月5日に行った。担当者はこれまでの経験から激甚な災害になると、異例の措置をとることに「腹をくくった」とコメントしている。防災担当大臣のもとで関係省庁の会議も開かれた。残念ながら、この現場の逼迫感は首相には届かなかったようだ。同日の夜に東京赤坂で首相を含めた宴会が行われていたことが明らかになり、批判された。また、亡くなられた方々の多くが60歳以上で、いわゆる「情報弱者」だったのではないかとの指摘もなされた。この「平成最悪の水害」をもたらした豪雨は、結果として２００人以上の犠牲者が出る大惨事となってしまった。地震に比べれば、雨の予知の方が行いやすく、「平成30年7月豪雨」についても、気象庁では異例の措置までとったのに、犠牲者が多く出てしまったことは非常に残念である。予測も大事だが、それが適切に関係者に伝わるようコミュニケーションの問題に取り組んでいくことも大切だと痛感させられた。

第2章　社会現象や生活に関する予測

衝突の予測

２０１７年６月17日午前１時半頃、アメリカのイージス艦フィッツジェラルドとフィリピン船籍のコンテナ船が、静岡県の伊豆半島南東沖約20キロの地点で衝突するという事故が起きた。不幸なことに、米海軍の艦船に乗っていた７人が命を落とされた。アメリカで教育の恩恵を受けた筆者としては、日本周辺の平和維持を使命として派遣されていたアメリカ兵がこのような形で犠牲になったことに痛切な悲しみを感じる。

一方で、最新鋭の技術で固められているといわれるイージス艦が、なぜこのような初歩的な衝突を予測し、回避できなかったのかという深い疑問も残る。数理の世界では、このような衝突の軌跡についての研究も存在する。

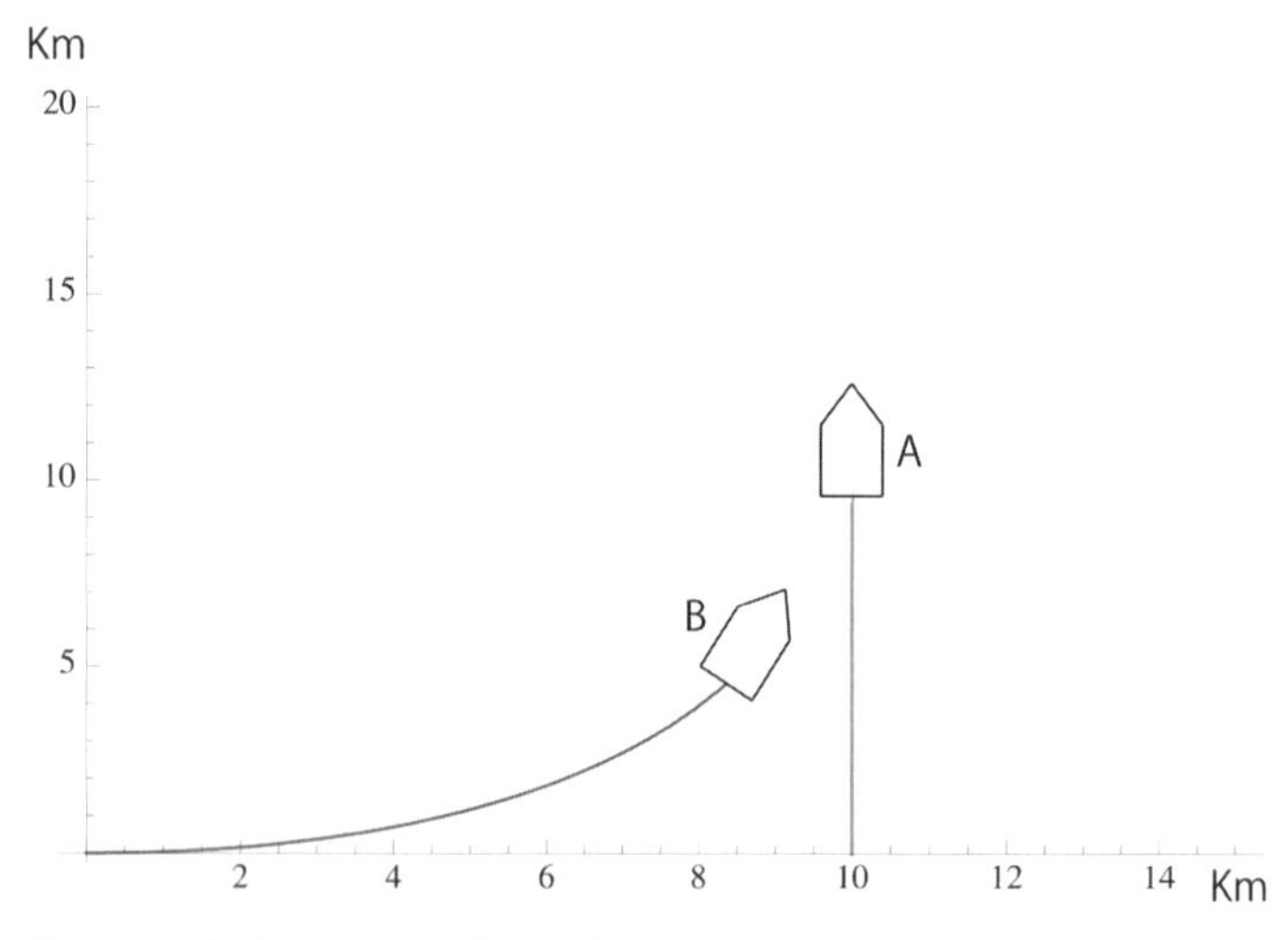

【図２－１】追跡と逃避の問題の概念図

問題の設定としては、衝突というよりは、ある一定の運動をする相手や物体に追いつくという形式となる。これは「追跡と逃避の問題」として、レオナルド・ダビンチに起源を持つ、数学の伝統的な問題である。ダビンチは、直線上を動くネズミを追いかける猫の動きの軌跡を考えたという。この問題は、１７３２年頃に、フランスの数学者であり、「造船工学の父」ともいわれるピエール・ブーゲにより数学の問題として定式化され解かれた。【図２－１】に概念図を示したが、この問題では、追跡者も逃避者も一定の速さで動き、さらに追跡者は常に動きの向き（速度ベクトルの向き、舳先（へさき））を逃避者の方に向けている。逃避者が直線上を動く時、ある距離だけ離れたところから、追跡者の速度がより速い場合は追いつき、そうでなければ、距離を離されながらも後方を追いかけ続ける結果となる。単純な問題設定ではあるが、追跡者の軌跡を数式で求めるのは意外と込み入っていて、結果も複雑となる（委細は拙著『「ゆらぎ」と「遅れ」』、114頁）。

ここでは、数式には立ち入らないが、この問題を少し変更して「予測」を取り入れよう。今までの問題設定では、追跡者は舳先を常に逃避者のその時点での位置に向けている。しかし、外野フライを捕ろうとする野球選手のように、我々が人や物を追いかける時などには、予測して先回りしようとする。相手も自分もそれぞれ速度を一定に保ちながら動く時に、この予測を取り入れた動きは【図2－2】のようになる。この時、追跡者の視点では、相手が常に、自分の進行方向に対して同じ角度に見えるようにする。そして、そうすると逃避者は徐々に大きくはなってくるが、「止まって」見えるのである。そして点Xにおいて捕獲できる、もしくは衝突が起きるということになる。「コリジョン・コース」と言われるこの衝突の軌跡は、船乗りの間では、古くから「止まって見える他船は危険」として、見張りの基礎知識であるという（コリジョン・・

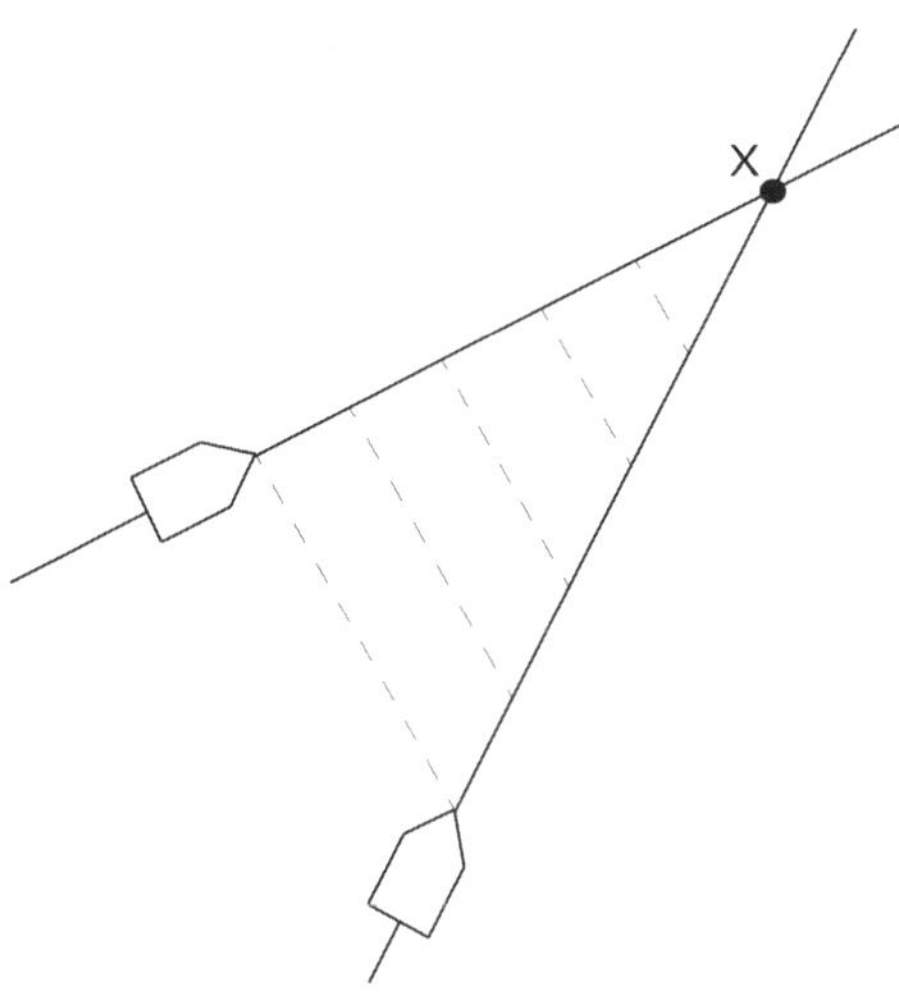

【図2－2】コリジョン・コースの説明図

Collisionとは「衝突」を意味する英語)。

同じタイプの事故は、見通しのよい、周囲に田畑の広がる交差点でも起き、これは「田園型交通事故」と呼ばれる。これも、同じ交差点に入ってくる車が互いに止まって見えてしまうという運転手の錯覚によって起きる事故である。さらにヘリコプター同士の衝突などでも、コリジョン・コースの軌跡になっていたと報告される事例があり、インターネットで検索できる。

今回のイージス艦とコンテナ船が、このコリジョン・コースの状況であったかどうかは、現時点では不明である。しかし、実はイージス艦は過去にも衝突を起こしている。2008年2月19日発生のイージス艦「あたご」と漁船「清徳丸」の衝突事故であり、この時はコリジョン・コースの位置取りの可能性を示唆する調査結果が出ている。そして、海難審判と刑事裁判で責任判断はわかれたが、海運ルールでは一般に相手を右側に見る船に回避義務があるとされる。今回の衝突もフィッツジェラルドが相手を右側に見ており（右舷が破損しているため）、このルールが適用される場合であった可能性もある。

数学的な話に戻ると、これまで話は1対1の衝突や追跡と逃避の問題であった。これを「集団対集団」の問題にしたらどうなるだろうか。筆者の研究主題のひとつの柱である「集団追跡と逃避」はこのような問いから始まった。残念ながら、数学としてはより複雑になるので、数式での解析や表現は難しくなる。しかし、現実には鳥の群れ、魚の群れ、アリの行列などは、衝突や混乱を回避しながら集団行動をとっている。また、ライオン、狼、イルカなどのように、集団で追跡を行い狩りをするような動物もある。これらの中には、非常に美しく複雑な集団形状を作り出したり、待ち伏せている仲間に追い込むような、人間の集団でも簡単にはできないような行動が見られる。

では、このような集団行動は高度な知性とコミュニケーション能力によるものであろうか。数学からは、もしかしたらそうではないかもしれないという視点が提示されている。

その代表例が1987年にクレイグ・レイノルズによって発表されたボイドモデルである。ボイドというのは「鳥のような物体」という意味の造語である。レイノルズはコンピュータグラフィクス関係のプログラマで、鳥の群れを再現できるようなアルゴリズムを考えたいと思ったことが、このモデルの開発につながった。このコンピュータモデルでは、個々の「鳥」物体は単純に次の規則に沿って動いているだけである。

1. 他の「鳥」とぶつからないように、ある程度の距離をとる（分離）
2. 周囲の「鳥」の平均程度に速度と動きの向きをとる（整列）
3. 周囲の鳥の群れの中心方向に向かうように動く（結合）

ここでのポイントは、特に複雑なコミュニケーションも、全体を指揮するような命令系統もなく、個々が前記の単純な規則の範囲で「勝手」に動くということである。つまり、単純規則に従う自律分散した要素の集団ということである。このモデルやその改良・拡張モデルでのコンピュータグラフィクスの動画は、「boid」と検索することでインターネットで容易に見ることができる。鳥の群れの動きの様相が再現されていたりと、前述の単純規則からは予想ができないような複雑な形状が出現することに驚かれると思う。委細には触れないが、狼による集団での狩りに現れるいくつかの行動パターンについても、高度なコミュニケーションを必要とせずに、単純な規則に従っているだけという理論研究も近年提案されている。

また、この単純な規則から出現する集団行動は理論的な興味にとどまらない。発光ダイオードのついたドローンの集団を用いて夜空にさまざまな絵を描く技術は、コンピュータのＣＰＵ製造で有名なインテルによって近年探究されている。平昌（ピョンチャン）五輪においても、そのデモンストレーションが披露された。現在では１０００台を超える集団ドローンを制御できるが、これは中央コンピュータが全体を指揮するもので、自律分散型システムとはなっていない。しかし、２０１８年になって、それぞれに小型のコンピュータを搭載したドローンの集団の動きの研究もハンガリーの研究グループを中心に進み始めた。また、自動車関連企業も自動運転時の安全な集団形成に、前述のボイドモデルのアイディアを取り入れて研究している。今後もさまざまな応用研究が進むことが期待される。

話をイージス艦フィッツジェラルドの衝突事故に戻そう。詳細についてはわからないが、２０１７年８月18日には、米海軍が前述の事故で米艦側に過失があったことを認めた。しかし、さらに不幸なことに、その数日後の8月21日には、今度は別のイージス艦ジョン・S・マケインが、シンガポール沖で商船と衝突し、乗組員10人が亡くなった。これらの事故を受けて、米海軍第7艦隊の司令官が解任される事態となった。

周知のように、イージス艦は最新鋭艦船であり、高度なミサイル迎撃能力を持つとされる。つまり、すでに述べたような、数学の単純な追跡と逃避問題よりはるかに複雑なミサイル軌道の予測能力を持っていると考えられるわけだ。ではなぜ、その高い予測能力を繰り返された海難事故と人命損失の回避に活かせなかったのか、そして今後は活かせるのか。もしくは、ついシステムの能力に頼ってしまう人間の問題なのか。遠くない将来に訪れるだろう自動運転車社会を前に、高度な技術やシステムと人間の関わりの難しさを考えさせられる。

自動運転に関する予測

筆者は自動車の運転は好きな方で、とにかく頑丈だというのと、個性が強い感じが気に入って、スウェーデン車のサーブを中古で買って13年ほど乗っていた。元は航空機会社が作っていたので、イグニッションキーが座席の横にあったり、シートベルトサインも飛行機そのままの感じで、運転していても楽しかった。残念ながら本国の会社が破産してしまい、日本の取り扱い代理店からも、今後パーツの供給が不透明と聞いた。筆者も泣く泣く手放して、今はカーシェアリングで、車は必要な時に借りて乗っている。手軽でいろいろな車種にも乗れるのでよいのだが、前述の愛車のアナログ感とはまったく違って、どう操作したらよいのか戸惑うことが多い。エンジンをスタートするのにボタンを押すのも不安で、アイドリングストップなどでエンジンが止まると、いつもオロオロしてしまう。ラジオをどう止めて良いのかわからずじまいで終わったこともある。編集者とこの本の打ち合わせをした時にも、クルーズコントロールの話題になったので、「ああ、それならアメリカで使ってました。速度設定してアクセル踏まないので楽ですよね」と知ったかぶりをしたら、「今はレーダーが搭載されていて、加減速も自動でやってくれるのですよ」と聞いて驚いた。

そんな筆者なので、自動運転など感覚的にはまったく予想がつかない。しかし、自動車の渋滞などの分析にも数学が活発に使われるようになった。ここでは自動運転の話とも関連させながら、数学・理論的な側面をいくつか紹介する。

自動運転もいろいろに混沌としていたが、徐々に規格が固まりつつある。ご存知の方も多いかと思うが、自動化の段階によっていくつかのレベルが決められている。このレベルの定義はアメリカのＳＡＥ（Society of Automotive Engineers：アメリカ自動車技術者協会）という乗り物技術の標準化団体によるもので、日本政府もこれを採用している。

レベル０　運転手がすべてを操作する
レベル１　システムがハンドル操作か加減速操作を連携しない形で支援する
レベル２　システムがハンドル操作と加減速操作の両方を連携させて支援する
レベル３　特定の環境でシステムがすべてを操作するが、緊急時は運転手が操作する
レベル４　特定の環境で、緊急時も含めてシステムがすべてを操作する
レベル５　環境の限定なく、システムがすべてを操作する

この中で自動運転とされるものはレベル３以上であり、レベル２までは運転支援や部分自動運転と呼ばれている。２０２０年春、日本の公道においてもついにレベル３までが法的に認められるようになった。とはいえ、レベル２の支援システムを搭載した市販車は国内外各社から出されているが、レベル３で市販されているのはアウディのＡ８モデルだけである（20年4月時点）。ちなみにドイツを含む多くの欧州国においては、高速道路などでこの車を含めてレベル３までの自動運転が可能になるような法整備も17年になされた。日本においても、19年に道路交通法などが改正され20年4月に解禁を迎えたため、国内各社がレベル３の車を販売する予定と聞いている。

レベル３のアウディＡ８には、別に述べるニューラルネットを用いた人工知能が活用されていて、その内容については国際学会でも発表されている。その関連資料によれば、人工知能を使い、

カメラ映像から他の車、家、標識、人など13種類のパターンに周囲の物を分類する。あわせて、距離についても人工知能による学習を行うことで推定し、周囲の3次元世界の環境グラフィクスモデルを精巧に作り上げる。また、外部だけでなく運転手についてもモニターして、目を閉じている時間などから自動運転を推奨したりする。これらの技術を組み合わせることで、やや混雑した高速道路を時速60キロ以下で走行している時に、ドライバーがハンドルから手をはなしても自動運転ができるようになっている。日本を含め許される国では、車載テレビを見るなど運転以外のことを行うこともできるという。この車種は日本でも2018年の10月に発売されたが、レベル3の機能は他国も含めて外されているのが現状だ。

筆者が参加したある国際会議では、やはりドイツのクノールブレムゼがトレーラーにおけるレベル4の自動運転の実験の様子を披露していた。ここでは大型トレーラーは物流センターの敷地の入口まで運転手による操作を受けるが、そこで運転手は降車して、センターの敷地内の特定の環境で自動運転が始まり、遠隔モニターはされながらも無人で搬入ドックに到着する。大型のトレーラーをバックでドックにきちんと接続駐車するという、人間なら熟練を要する部分もきちんとこなす様子が紹介された。搬入を終えたトレーラーは再び物流センターの敷地の門まで自動運転され、そこから人間の運転手が乗り込むので、運転手にとってもより長い時間を休息にあてられるという利点もある。全体としてはなかなか優れた自動運転の活用との印象を持った。

しかし、自動運転は万能ではなく、やはり事故は起きる。2018年3月にアメリカで起きた事故では、レベル4の自動運転の試験走行で死亡事故が起き、責任の所在が問われたが、結果としては運営会社が賠償をする形で和解となったと見られる。別の事故では運転者の責任が問われるなど、状況によって責任の判断が異なっている。筆者の研究対象である反応時間の「遅れ」とも関係するのだが、技術的には人間の反応時間よりシステムの反応時間の方が短いので、運転支援技術で事故は減ると考えられる。実際に警察庁によると19年の交通事故は前年比で11・5%の減少となっている。14年から約20万件の減少で、自動ブレーキなどの運転支援システムの普及が要因のひとつとして考えられる。

また、ここ数年、高齢者ドライバーの運転する車が暴走して悲劇的な事故を起こしていることから、運転支援や自動運転がこの社会的課題を解決できるのではと期待が持たれている。すでに研究開発は行われていると思うが、自動車のほうが運転者の技能や年齢にあわせて適応したり、高速道路と街中では最高速度や加速性能を変えるなど、環境に順応するような方向も重要であろう。このような運転支援から自動運転へレベルが上がるに連れての、技術的、法的、社会的なハードルは少しずつでありながらも超えていけると予測している。

さて、ここまでの話は単体の車レベルの話である。自動車の集団について、自動運転はどのような影響を及ぼすだろうか。特に渋滞などの社会的な課題についての効果の有無は気になるところである。これらについても数学からの考察が行われている。さまざまなアプローチは『渋滞学』(西成活裕、新潮選書)に詳しいが、ここでは名古屋大学の杉山雄規教授らによる「最適速度モデル」について簡単に紹介しよう。

この数学モデルは、それぞれの前の車との車間距離に応じて、最適な速度があり、各車の運転手はその最適速度を調整するという我々の感覚を数式にして表現している。つまり、車間距離が短いのに少し速度が出ているということであれば減速をし、逆に車間距離の長さに比して速度が出ていなければ加速するという動作を数学に落とし込んだのである。

この最適速度モデルの数式は単純であるのだが、特に自然渋滞に関して現実の現象の特徴を見事に再現している。例えば、事故などによらない高速道路での自然渋滞は、渋滞の先頭が徐々に進行方向と逆に後ろに下がっていくことが知られている。そして、その速度は日本だけでなく他の国での観測でも大体時速20キロくらいである。最適速度モデルでもコンピュータの上で数値計算を行うと、この現象が再現できる。また、自然渋滞はある程度の車の密度において起きるが、この様相も再現可能だ。この研究についてはナゴヤドームなどで、円周サーキット上での渋滞の発生の実験も行われていて、理論が検証されている。

また、天気予報と同じように大型計算機も交通シミュレーションに活用されている。理化学研究所の伊藤伸泰チームでは、日本で最高性能であった「京」コンピュータを用いて、神戸市の道路交通網を仮想的に再現し、その上での交通の流れをさまざまな条件でシミュレーションした。このような都市規模の研究では、単にひとつの道路の混雑状況だけでなく、複数の道路の混雑状況にどのような関係があるのかを調べることが可能である。主成分分析などの数学も駆使されていて、将来において、例えば交通網を改編した時、交通の量が増減した時、また特定の道路で工事を行う時などを想定した自動車の流れや渋滞の予測に活用できる。

その他の、集団としての自動運転について理論的な側面から考える必要があると思われるのが、自動運転機能の付いていない車との混在である。さまざまな集団や群れの数学的また物理学的な研究においては、均質な集団の中に特性の違う者・物がある程度混ざると、全体としての性質がガラリと変わることがある。すべての車を一斉に自動運転車に換えることはできないだろうから、この課題は自動運転の普及において避けては通れないと考える。現在の走行実験では、主に単体の自動運転車が、公道上でうまく走れることが強調されている。しかし、その数が増えて、混在が進めば、もしかしたら予期しない集団効果が現れるかもしれない。

例えば運転マナーの地域性である。東京と名古屋では車の走らせ方が違うし、それぞれ暗黙のうちに細かい他者（車）とのやりとりが存在する。東京で自動運転を学習させた車が多数、名古屋に来て走り始めたら混乱は起きないだろうか？　そのような自動運転車にも（行儀が悪い）「名古屋走り」を短い時間で習得させる柔軟性をシステムに持たせられるだろうか？　もしくは人間の運転手のほうが自動運転車を判別できる感覚を持ち、その動きに適応するようになるのだろうか？　このように考えてくると技術や法的な整備だけでなく、社会的側面の課題も無視できなくなると予測される。

ちなみに筆者はこれまで無事故で、東京都内のごちゃごちゃした中も車線変更を多用して車を乗り回していたので、それなりに運転はうまいつもりだった。だが、同乗している家族の話では、よく考え事をして「心ここにあらず」の状態で運転しているようで、不安で仕方がないそうだ。確かに同僚の数学者もあまり運転をしない人が多い。将棋の棋士も同様だという。きっと、そう遠くない将来に「え、自動車って人が操作していたのですか？」と若者に驚かれる時が来るのだろう。そうなれば我々のような「ぼんやり」タイプの「運転」でも、同乗者も安心できるかもしれない。

〈少数派になるには〉

前節に関連して続けると、自動車渋滞は現代の社会的な課題のひとつで、いろいろな解決策が模索されているものの、連休などでニュースとなる数十キロの渋滞はどうにもならないままである。すでに述べたように、数学者や物理学者もこのような集団現象には興味を持っていて、自然渋滞の先頭が進行方向の逆向きに動く事実などを、数式から導き出すことができるようになっている。しかし、これらの理論も、現実の渋滞の問題解決になるかといえば、やはりそうではない。

個々の車を運転する時に、渋滞などを避けようとちょっと遠回りをして時間を得しようとするが、これが裏目に出て、迂回路もそれなりに混んでいて結局疲れてしまった。そんな経験は広く共有されているだろう。「急がば回れ」ということわざがあるが、皆が回り始めたら、逆になってしまう。現在はカーナビやスマートフォンアプリで渋滞情報に基づいて進むべきルートの指示を出してくれるものがある。これらにもいろいろ性格（設定）があるようで、幹線道路を中心に提案してくれるものや、細かい道までも指示してくれるものがあるようである。しかしそれでも共有されたある時点での渋滞の全体情報からの指示であるので、これを少し先の時間の予測に結びつけることには困難もある。

ニューヨークのマンハッタンにニュージャージーから向かう車の渋滞で有名なジョージ・ワシントン橋については、渋滞情報アプリの普及によって、橋に向かう自動車が、近くのレオニアという街の狭い道路にまであふれるようになってしまい問題となった。地元の自治体がアプリの制作会社や情報会社と、街のいくつかの通りを見えなくしてほしいと交渉をしたり、住民以外は通行禁止の措置をとって対応をしている。

現状に即した情報を流したら、それが個々のドライバーにどのような影響を与えるかも予測して、再度全体の予測をしないといけない。予測が現実を動かすので、個別の判断の情報も勘案したよりきめ細かく、難しい情報処理が必要になる。特に定期バスなどにおいて、渋滞する中、定時運行を維持するのは容易ではない。東京と成田空港間などのリムジンバスを運営している東京空港交通株式会社では、２００１年からＧＰＳ運行管理システムを導入して、すべてのバスの運行情報を管理している。筆者も成田空港から東京に向かう時に、渋滞に出くわすと、リムジンバスが互いに通信をしながら高速を降りたり乗ったりしているのを経験している。限られたメンバーで共有された情報と過去の経験などから判断をしているらしい。

少し数学に話を寄せてみよう。この例もそうだが、混雑や渋滞から逃れることは少数派になることで得になる。このように、少数派になることが利得となる状況を考え、その中で個々が自身の利益を追い求めるとどのようになるだろうか？　これを数学的に考えるのがマイノリティ（少数派）ゲームと呼ばれる問題である。

マイノリティゲームで基本となっているのは、アメリカのニューメキシコに実在するバーを場面設定する次のような問題である。サンタフェ市にあるエルファロル・バーでは、毎週木曜日に人気のあるパーティーを行っている。ここで個人の望みとして、できるだけ木曜日の夜は楽しく過ごしたいとしよう。パーティーへの参加は楽しいが、あまりにも混んでしまうと、家にいるほうがましだとする。他人と相談することなく、それぞれが自身の過去の経験から判断を下して、参加の有無を決める。話を簡単にするために、過半数が選んだほうが「負け」であり、少数派になったほうが「勝ち」であるとしよう。このような時に全体としてはどのようなことが起きるかを予測するのが課題となる。

これを数学の問題として設定する方向性はいくつかあり、委細については専門書に譲るが、基本的に次の2つの興味深い結果がコンピュータでの繰り返し実験で現れた。

1．個人が判断する際に、過去3～4回ほどまでの「勝ち」「負け」の結果（経験）に基づくのであれば、平均的に「勝ち」となる人の数は、それぞれが参加の有無をランダムに判断した時よりも多い。

2．このゲームを、1と同様の判断で何回も繰り返すと、少数派になって「勝ち」となる回数は、参加者全体で大きな差がない。

このような結果となる理由についてもさまざまに理論が作られているが、問題設定に依存することも多い。自身の判断を下す時に、他者とは相談しないのだが、過去数回の結果は共有している。この過去の参照の度合いが適切であると、前述の利得の共有のような現象につながるのである。

この問題は、利己的な個の集団が、全体としては必ずしも勝ち組、負け組にくっきりと分かれることがない可能性があることを示しているので、数理科学の問題としてだけではなく注目を浴びた。個の利益の追求が、明示的な調整を行わなくても社会全体での利益の分配につながる可能性を示唆しているからである。

現実には、残念ながらこのようにはなっていない。そもそも社会においては情報、資金その他の側面についても、平等であるとは到底言えないので、ゲームに参加することさえできない人のほうが圧倒的に多い。数学としては、ある程度に理想化された前提条件が成り立っていないことには手が出ないのだが、それでも少しずつ、このような研究を積み重ねていくことが、どこかで価値につながらないかと願っているのである。

$$\frac{dx_i}{dt} = v_i$$

$$\frac{dv_i}{dt} = a\{V(x_{i+1} - x_i) - v_i\}$$

x_i ：i 番目の車の位置
v_i ：i 番目の車の速度
a ：反応実数
V ：最適速度関数

【図２－３】最適速度モデル

［深く知ろう③］数学的な補足

【図２－３】に最適速度モデルの式を示した。これは一車線にN台の車が走っている時に、それぞれの車に番号を１、２、３……Nと付ける。このそれぞれについて表示された式が、その動作を表現している。前を走る車との車間距離を測り、それから最適速度を計算する。最適速度と実際の速度の差を縮めるように加速もしくは減速するというルールをこれらの式は記述している。

本文でも述べたが、このようなシンプルなモデルであっても、現実の高速道路での自然渋滞に現れるさまざまな様相を再現することができる。また、このモデルは複数の車線や２次元への拡張、ノイズの導入などさまざまに拡張されて活発に研究が進められている。日本から発信された優れた現象数理モデルの代表例と言ってよいと思われる。

「がん」と余命の予測

「健康第一」とは、まさにその通りだと思うが、実際にそれを痛感するのは病気になった時であろう。幸い筆者は大病や外科手術を経験したことがなく、また風邪で仕事に差し支えるほどに寝込むことも10年に一度あるかないかである。幼少期はどちらかというと風邪など病気にかかりやすかったのだが、高校卒業後に留学した時にアメリカ食を毎日バリバリ食べたのが影響しているのかと思う。しかし、その裏で、完全なメタボで定期的に内科に通い、薬でコレステロールや血圧をコントロールしてもらっている。慢性なので自覚はしづらいが、自分は健康かと問われればそうではないのである。

そのような診察の際に驚くのが最近の血液検査の精度である。サッカーでちょっと捻挫をしたり、出張時に神戸の酒蔵で大酒したようなことも、きっちり数字に出るらしく、なにかあったかと医師に尋ねられる。「そんなことまでわかりますか?」と思わず聞いてしまう。実際に少し調べてみると血液検査に関係する技術もどんどん進んでいる。検査の解析に要する時間が短くなり、採血した日に結果がわかることも多い。また、今までは見過ごされていた「慢性炎症」という動脈硬化やがんにつながる体内での弱い炎症も検知できるようになったという。コンピュータや通信機器などと同様に医学もますます進歩していると感じる。

一方では、エイズ、エボラ、SARS、MERS、新型コロナウイルスなど「病気」の方も次から次へと強力な新手が登場する。日本社会では抑え込まれていたとされる結核のような古参ものような相手としのぎを削りながら進歩している。その現代医療の最大の難敵はどの病気であろう。

だいぶ前になるが、筆者のシカゴ大大学院への留学時代（1980年代後半）には、エイズが話題になっていた。同大学のドナルド・スタイナー教授の研究室で糖尿病の研究を進めていた大萩晋也先生（現在、和歌山県橋本市「おおはぎ内科」院長）に「現代医療の最大の困難はエイズでしょうか」とうかがったことがある。「エイズも難しいですが、やはりがんでしょう」というお答えを覚えている。エイズは病原体のウイルスがはっきりしているが、「がん」は原因も遺伝因子、ウイルスや細菌の感染から喫煙などの環境因子まで多様であり、また我々の生命を維持している細胞分裂などの基本的な現象と密接に結びついているからとのことであった。

例えば、神経芽細胞腫という小児がんの検診が1984年から行われた。この検診により罹患者数は数倍になったものの、死亡率は検診を開始する前と変わらなかったのである。現在、このがんの多くは自然治癒するという説が有力だ。つまり、検診を実施することで、過剰な医療を提供することになったという可能性が指摘されているのである。そして、この検診は2004年以降に中止されていて、がんへの医療対応の難しさを如実に物語っている（委細は名郷直樹『65歳からは検診・薬をやめるに限る！』、さくら舎）。

2018年の人口動態統計によると、日本人の死亡原因の1位は「がん（悪性新生物）」で27・

4％、2位が「心疾患」で15・3％、3位が「老衰」で8・0％となっている。日本人の3割弱が、がんで亡くなっていることになり、これは2位の心疾患に比べても約2倍で、他の死因と比べても突出して多い。最も「身近」な病気が、最も不可解というのが現実なのである。そして、医学的な治療法の進歩と並んで、我々が日常のなかでどのようにがんと対峙するかという側面も重要となっている。

メディアでも、がんとどのように向き合うかというテーマがよく取り上げられる。筆者の父親もそうであったが、がんと告知された時の患者本人と家族の受ける衝撃は大きい。どうなるのだろうという不安に対して、できるだけ的確な予後の予測は、その後の対応において重要である。日本でよく使われ、患者にも伝えられるのが、がんの種類や段階に対応した5年相対生存率だ。診断から5年間、生存している患者の割合と、日本人全体で5年後に生きている人の割合を比べたものである。

ある研究では大阪府がん登録の中で、1990年から2004年にがんと診断された70歳未満の患者の3万7000事例について、その後の10年に及ぶ生存に関するデータを分析したが、例えば胃がん患者では通常の5年生存率は約60％である。約4割の方が亡くなるわけで悲観的な印象を与える。しかし、現実においては最初の1～2年で予後の悪い患者が多く死亡し、それは亡くなる4割の中にも含まれている。

この統計データの性質に鑑み、米国などで使われている「条件付き生存率」の数値を提示することが、がんを抱える患者とその家族、そして医療従事者にとってより意味があるとの主張や分析もある。ここで使われる確率の考え方は、地震の発生確率の計算でも見た「条件付き確率」であるので、そちらと対比させて読んでいただくとわかりやすいかもしれない。

この条件付き5年生存率では、最初の診断から一定の期間亡くならなかったという条件のもとで、その時点から5年間生存する割合である（【図2－4】）。これは最初の診断直後においては、前述の5年生存率と一致する。つまり胃がんにおいては約6割である。しかし、その後1年の間に亡くならなかった患者（1年生存者）がその後5年生存する（つまり合計6年生存する）確率は77%、そして2年生存者（合計7年）においては87%、そして5年生存者（合計10年）においては97%となっている。つまり、もし、胃がんの診断から5年間生き延びられれば、97%の人はさらに5年生きられるのである。他のがんでも同様に、診断後の生存期間が長くなれば、この条件付き5年生存率の値は概ね上昇する。しかし、その値はがんの種類によって異なる。肝臓がんでは、5年経過後の5年生存率は37%と低い値にとどまっている。また、がんの進行度（通常、ステージ0～4で表されている）にも依存して、やはり、どのがんにおいても進行度が進むほど条件付き5年生存率の値は小さくなる。

このように同じデータであっても、患者に与える印象はだいぶ違う。通常使われている累積の生存率（がんと診断された人のうち、経過年別に生存している人の割合）では年月がたつとともに、生存率は下がっていくが、条件付き生存率は、当初の生存期間が長いほど数値が上昇するので、先

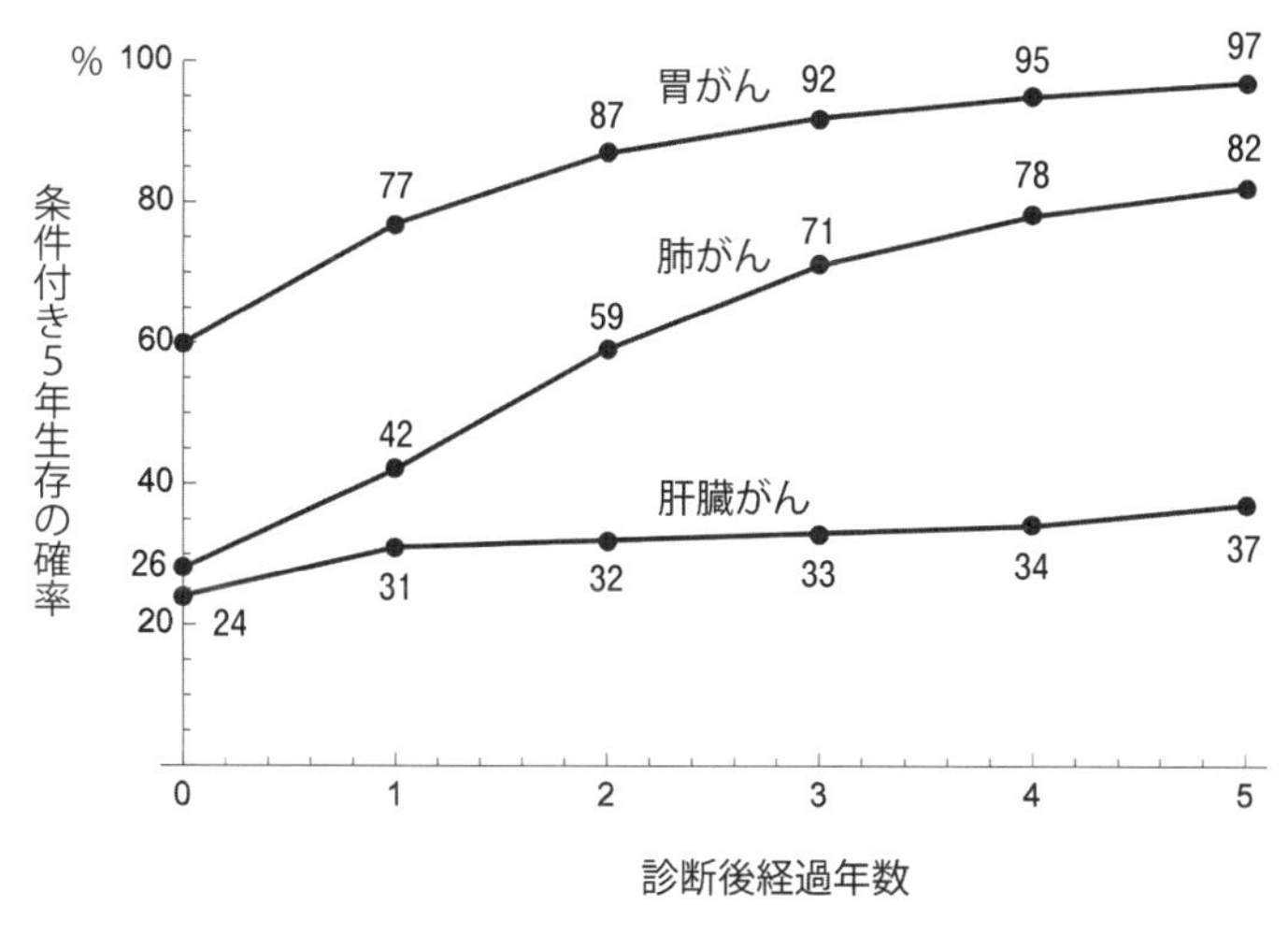

【図2－4】条件付き5年生存率のグラフ（伊藤ゆり、他「大阪府におけるがん患者のConditional Survival　がんX年サバイバーのその後の5年相対生存率」、JACR Monograph, No.18, 2012.より作成）

行きに明るさを感じさせる。70歳未満の胃がんであれば、5年頑張ればほぼ完治だと、本人も周囲も前向きに考えることが可能となる。データは冷徹と思われがちだが、分析の手法によっては温かみを増すような結果も得られるのである。

さらに近年は、がんに関する分析データも進歩している。全国がんセンター協議会ではKapWebというインターネットサイトを開設していて、これを使うと、ここで述べた相対生存率や条件付き生存率を様々ながんについて計算できる。5年相対生存率も、より最新のデータでは胃がんで75％程度に上昇している。前述の大萩先生も、がんへの対処は診断や治療が大きく進展したため、現在では脳卒中や心不全への対応により困難を感じていると話している。難病であることには変わりないが、それでもがんに関する医療と情報の分析は着実に進んでいるのである。

私事ながら、筆者の父親も胃がん手術のあと5年無事に過ごし、これで一安心と周囲も本人も感じ始めたところで、大腸がんから転移性肺がんになり他界した。余談だが、父は小説家を志望したがかなわなかった。ちょうど亡くなる夏には、筆者が前作の新潮選書のお話をいただき執筆中で、本を書いていると話したら嬉しそうであった。がんの時には何もしてあげることができなかったが、ささやかな親孝行となった。

人口と感染症の予測

〈人口の予測〉

いま重要な問題のひとつは、少子高齢化とその影響の広がりであることは間違いないだろう。数値的には景気がよい状況が続いているのに、社会の閉塞感が払拭できない大きな要因になっていると感じている（最初の原稿を書いている時点では、新型コロナウイルスはまだ発生していなかった）。具体的にいくつかの事例を挙げてみよう。すでに現実の問題として起こっているのが働き手不足。経済活動の規模を維持するには、外国人に頼らざるを得ず、そのための政策も次々に打たれてきている。また空き家問題や、所有者不明の土地の問題など、バブルの時代からはとても想像ができないような問題も人口減少のもたらす副作用である。筆者もそうだが、年金で老後の生活が成り立つのだろうかと不安に思う中年も多くいて、これも個人消費を萎縮させている。そして若者人口の減少は教育機関の存続問題にもつながり、こちらも再編が重要課題となっている。このように人口問題は社会のさまざまな側面に影響を及ぼしている。

人口の問題については、厚生労働省や、その関連機関である国立社会保障・人口問題研究所などが中心となって、現在の日本の人口の年齢別分布や世帯数などの統計調査や、将来の推計人口などが研究されている。例えば、2017年4月の発表では、「2065年には日本の人口が8808万人まで減る」と予測されている（2018年10月1日現在の人口は1億2644万人）。

このような予測においても数学が活躍している。アプローチのひとつは数学的なモデルを立てて、人口状況の変化を推測していくというものである。分野としては「人口動態研究」とか「数理人口学」と呼ばれて生物の研究者も含めて行われている。

具体的な数学人口モデルとしては、基本的には出生率や死亡率を勘案して、どれだけ人口の変化があるかというのを推定する数式を組み立てて計算をする。人口の増減を測る指標として純再生産率というのがあり、これが1を超えれば増加、1より小さければ減少となる。つまりこの指標は人口の再生産力を測っていると考えられ、数学のモデルも初期は純再生産率を中心に比較的単純な仮定で組み立てられてきた。

しかし、現実の人口の動きは、この再生産力だけではとらえきれない部分がある。例えば、出産には両性が必要であるという事実である。この「両性問題」は、１９２０～23年のフランス人男性の純再生産率は１・１９４であったが、女性については０・９７７であったので、女性の値に基づけば人口は減少するが、では男性の要素をどう扱うかという指摘が１９３２年になされたことで学術的に注目されるようになった。戦争（戦死するのは当然、圧倒的に男子である）などによって、男女比率が大きく動くと、それが配偶の比率にも影響を与えるのである。

他にも、ある地域や国から別の地域や国への移動や、大きな災害による急激な変化、政策の影響、そして婚姻率などさまざまな要素が絡み合う。これらの要素をどのように数式に組み込んでいくかは、必ずしも自明ではなく、研究が進んでいる。特に文化的な側面から、事実婚などの婚姻外出産がまれである日本においては、結婚が重要な鍵となる。さらに晩婚化、独身者の増加が進むなどの要素を組み入れるとすると、数学のモデルもかなり複雑になる。

現実的な少子化対策としても、女性の社会進出や子持ち家庭の就労環境の改善を促すだけでなく、婚姻率を高めることが重要であるとの指摘もある。女性の社会的地位と経済力の向上が婚姻率を抑え、離婚率を高めているという側面もあると思われるので、なかなか難しい問題である。

少子高齢化のもうひとつの重要な側面は、医療技術の進歩と生活・栄養状況の改善による長寿化である。つまり、少子化による人口減少だけでも対処すべきことは多いが、これに加えて高齢化も進むというダブルパンチを受けている状態である。２０１９年７月に発表された２０１８年のデータでは、日本人の平均寿命はほぼ84歳で、世界各国との比較ではトップ３に入っている。

ちなみに、平均寿命というのも予測である。これはその年に死亡した人の年齢の平均をとっているわけではない。前述の84歳というのは、２０１８年に生まれた人が、現状の社会の死亡率でどれだけ生きられるかという予測の数値なのである。

また、平均余命という指標も耳にするが、これはある年齢まで生きた人が、現状の社会の死亡率であとどれだけ生きられるかという推定である（【図２－５】）。つまり、平均寿命とは０歳時の平均余命であると言える。また、２０１８年のデータでは、例えば80歳での平均余命は10年程度である。これは、その年に80歳になった人は平均で90歳程度まで生きられるということであり、前述の平均寿命より長い。しばしば、現在の平均寿命を基準にして、それより長生き、短命とい

年齢	男	女
0	81.25	87.32
5	76.47	82.53
10	71.49	77.56
15	66.53	72.58
20	61.61	67.63
25	56.74	62.70
30	51.88	57.77
35	47.03	52.86
40	42.20	47.97
45	37.42	43.13
50	32.74	38.36
55	28.21	33.66
60	23.84	29.04
65	19.70	24.50
70	15.84	20.10
75	12.29	15.86
80	9.06	11.91
85	6.35	8.44
90	4.33	5.66

【図２－５】2018年の平均余命表（厚生労働省「簡易生命表」より作成）

うことが言われるが、これはあまり正確な推定とは言えない。自分があと何年くらい生きられるだろうかということを予測するには、【図２－５】のような平均余命の表が政府から公開されているので（簡易生命表など）、これで自分の年齢のところを参照されるのがより適正である。

平均寿命に戻ると、日本では江戸時代は30代と推定され、明治、大正で40代前半である。大雑把に言って、この１００年ほどで平均寿命はほぼ倍になったのである。戦後でも１９５５年で65歳、１９８５年で77歳程度と伸びは著しい。

この伸び率で言うと、「人生１００年時代」というのは、数十年先のように思われるが、医療技術もどんどん進んでいるので、思ったよりも早く到来するかもしれない。あわせて個人としても社会全体としても、介護の問題や医療のあり方など多くの課題をなんとかこなしていかなければならない。

私事であるが、筆者も高齢の母親を抱える一人である。残念ながら認知症であるために一人暮らしが不可能となり施設に入っている。施設に入るにあたっては手を尽くさないといけないことがさまざまに存在したが、幸い巡り合わせよく進めることができた。待機児童の問題と並んで、公的な介護施設の入居を待つリストの長さも顕著であった。日本の少子高齢化は世界でも類を見ない状況にあり、このあとの社会的な対応のありかたもさまざまに予測をしながら手探りで軟着陸を目指していくことになるのだろう。

母親の話に戻るが、長年小学校で教員をしていたので、教え子などからの年賀状が数百通と多かった。さすがに80歳を超えてその数も20枚程度に減ったのだが、施設に入ったあとは筆者がまとめて施設に届けている。

その際に気がついたのが、半分ほどが少し変わった文章の賀状である。実は母親はキャリアの最後のほうで、いわゆる養護学級を担当し、学習などがうまく進まない児童を受け持っていた。その方々が社会に出てどのように過ごされているかが、ややたどたどしくも綴られている。母親は日常の物忘れも多い状況だが、それらの賀状を見せると、「ああ、この子はこうだった、あの子はどうだった」と生き生きと話し始める。長年働くということ、年をとるということ、そして最晩年に近い母親にこうしていまだに賀状をくださる方々などなど、母親のうれしそうな顔を見ながら、しみじみと考えさせられた。

〈感染症の拡大の予測〉

人口動態とともに永年研究されてきたのが、感染症の広がりの様相をとらえようとする感染症動態の研究である。言うまでもなく２０２０年初頭からの新型コロナウイルスの世界的な拡大への対処は国際社会の最重要課題となった。夏に予定されていた東京オリンピックも延期され、同年４月７日には日本でも緊急事態宣言が発出された。経済への影響も甚大である。筆者もこの影響の広がりが、我々の社会生活をどのように変えていくのかを、不安に感じている一人である。専門家による感染者数の予測もニュースでは様々に報道されたが、これらの裏にも数学が働いている。

この分野における草分け的な数学モデルは、1927年にウィリアム・ケルマックとアンダーソン・マッケンドリックによって提案され、ケルマック・マッケンドリック・モデルと呼ばれる。ここではある固定された数の人口を、以下の3つのグループ——免疫なしの未感染グループ（Susceptible）、感染グループ（Infected）、そして感染後（快復もしくは死亡）グループ（Recovered/Removed）——に分けて考える。そのため、この数学モデルは3つのグループの頭文字S、I、Rから、SIR方程式、もしくはSIRモデルとも呼ばれている。各グループはそれぞれのグループの人数（人口）がどのように変化していくかを記述する3つの連立微分方程式で記述される。式の詳細は後述の［深く知ろう］を参照していただければと思うが、このモデルで取り入れている機構は以下の常識的な3点に過ぎない。

（1）未感染者は感染者との接触により感染するので減少する。
（2）感染者は、感染者と未感染者の接触の割合が大きければより増えるが、一定の割合で快復もしくは死亡するために減っていく。
（3）感染後グループの数は、感染者の数に比例して一定の割合で増加する。

SIRモデルの特徴は、未感染者と感染者の接触の度合いなどを変えると、感染の広がり方に

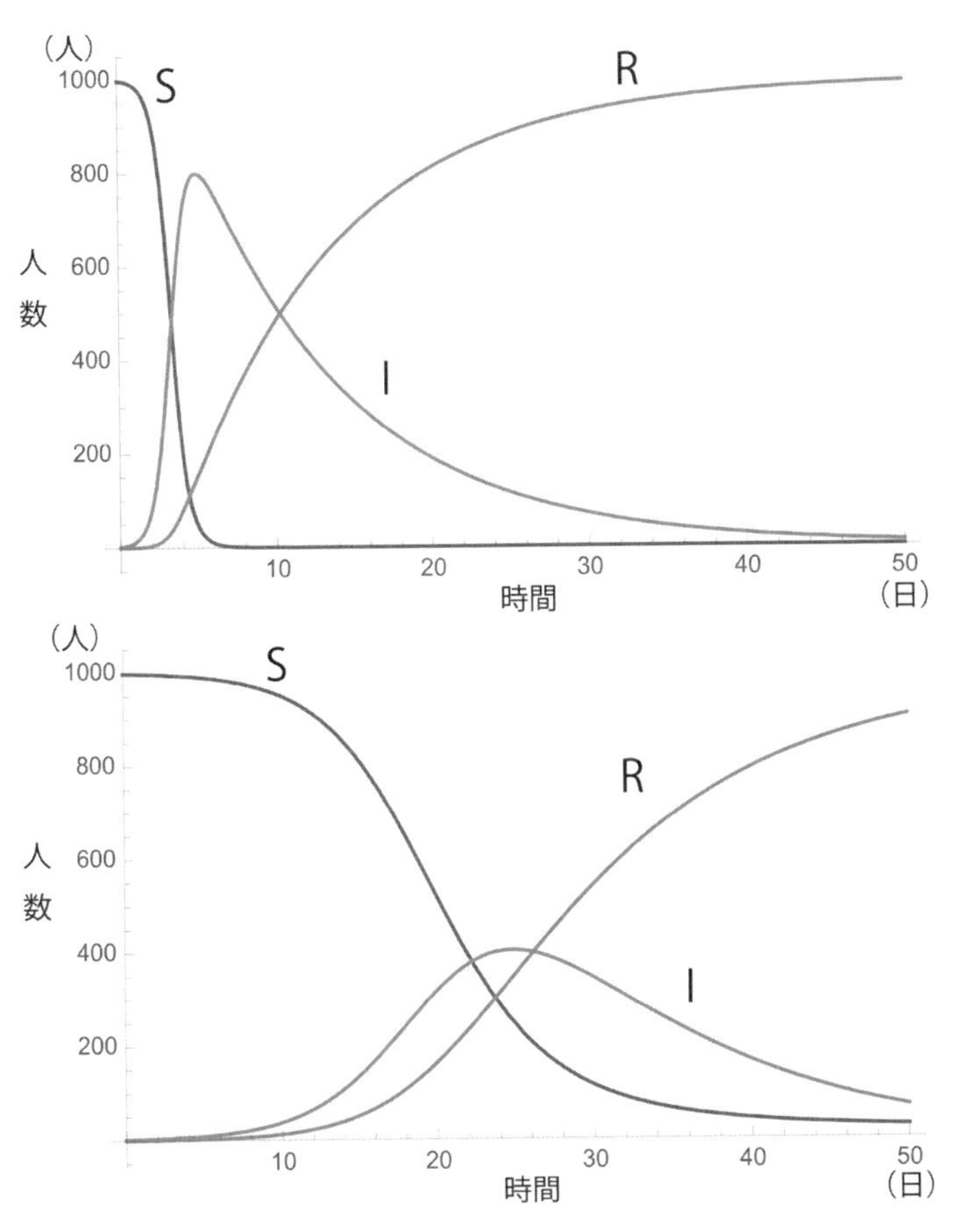

【図２－６】SIR モデルによる未感染者（S）、感染者（I）、快復と死亡者（R）の数の推移の予測：上段は下段より感染力が５倍で感染者数のピークがより高く、早い時期に起きている

如実に違いが現れるところにある。話をわかりやすくするために全人口が１０００人の町を想定して、その様子を【図２‐６】に示した。ここでは接触の度合いなどによる感染可能性の強さが５倍の違いである場合を比較した。特に注意してほしいのがIで示された感染者数の山なりの変化曲線である。ニュースなどでも似たような山なりの曲線が比較されていたのでご記憶の方も多いかと思うが、上のグラフは感染が強く、下は弱い場合である。

接触者を減らすことで、感染のピークの高さを抑え、時期も遅らせることができるという状況をこのＳＩＲモデルでは再現できている。新型コロナウイルスの拡散についても、このモデルに潜伏期間による感染の時間の「遅れ」や、感染や快復の不確かさの「ゆらぎ」の効果を加えて拡張した数理モデルから推計や予測を試みる研究が行われた。

ここまでは数学の話であるが、ケルマックとマッケンドリックは１９２７年の提案論文で、ＳＩＲモデルでの計算結果を、実際に20世紀初頭にインドのボンベイで起きた伝染病の死者の数の推移と比較し、うまくとらえられることを示している。また、今回の新型コロナウイルスの広がりについても、２月半ばの時点で、より簡略化された式とデータの比較を用いて中国での感染の広がりが３月初旬に収束するという予測に成功したケースもある。

筆者の知り合いでもある韓国の成均館大学物理学科の物理学者キム・ボムジュン教授は、中国での感染データから、だいたい総感染者数は５万人ほどで、３月の初旬には収束するという予測を２月12日に行い、ウェブ上に公開していた。これは習近平主席が初めて北京の病院を訪問し、

WHOが病名をCOVID－19と命名するなど、どのような拡大を見せるか不明だった時期である。

実際には、中国政府が感染者の定義をその後に変えたことなどが影響して8万人強の感染者となったが、キム教授もこの補正を行うことで、3月の収束については予測を成功させた。教授の用いた数式はロジスティック方程式と呼ばれ、前述のSIRモデルの簡略版とも考えることができる。【図2－7】に示したのは、上段が2月12日時点での累計感染者数データと予想（実線）で、下段が3月12日時点での再評価である。感染者の定義を変えても、現象自体のメカニズムが変わっていなければ、同じ法則に従っていると考えられるので、データと計算を補正照合できたのである。キム教授は同様の手法を用いて2015年の韓国でのMERS（中東呼吸器症候群）拡散についても収束に向けた予測を的中させたという。

しかし、このような中国での予測がすぐに他の国や地域に適用できるかというとそうではない。社会体制や、対応策の実施時期、医療の対応許容限度などの要素が大きく影響するからだ。例えばアメリカでは、ニューヨークとロサンゼルスの感染の広がりは初期にはほぼ同様であったが、同じ国でありながらある時点を境に大きく異なった。カリフォルニア州で比較的、感染の広がりを抑えられたのは、外出禁止令がニューヨークよりも1週間ほど早く出されたためだと言われている。数学モデルでは、予想や定量化ができない要素を含む現実をとらえることは困難なのである。

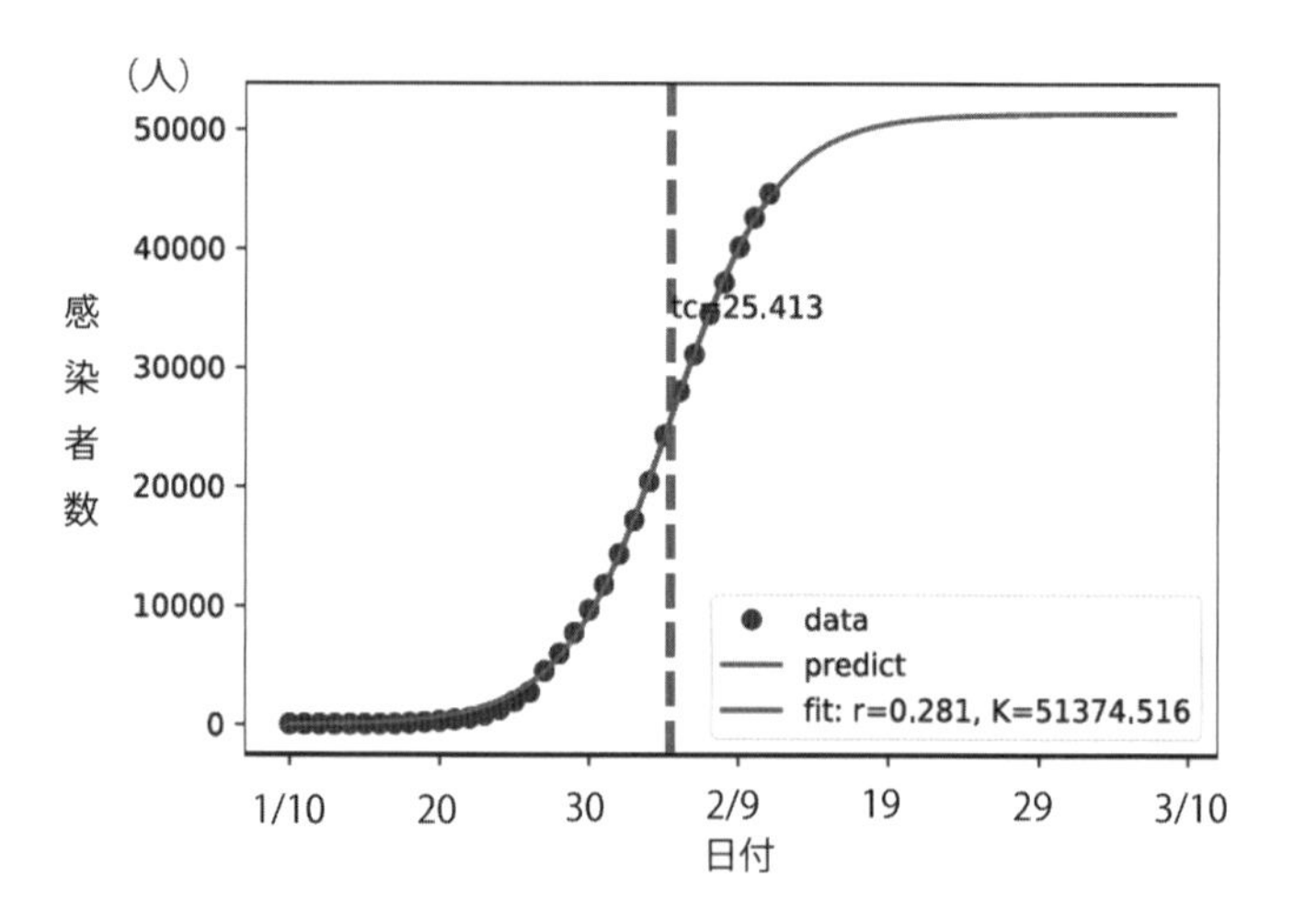

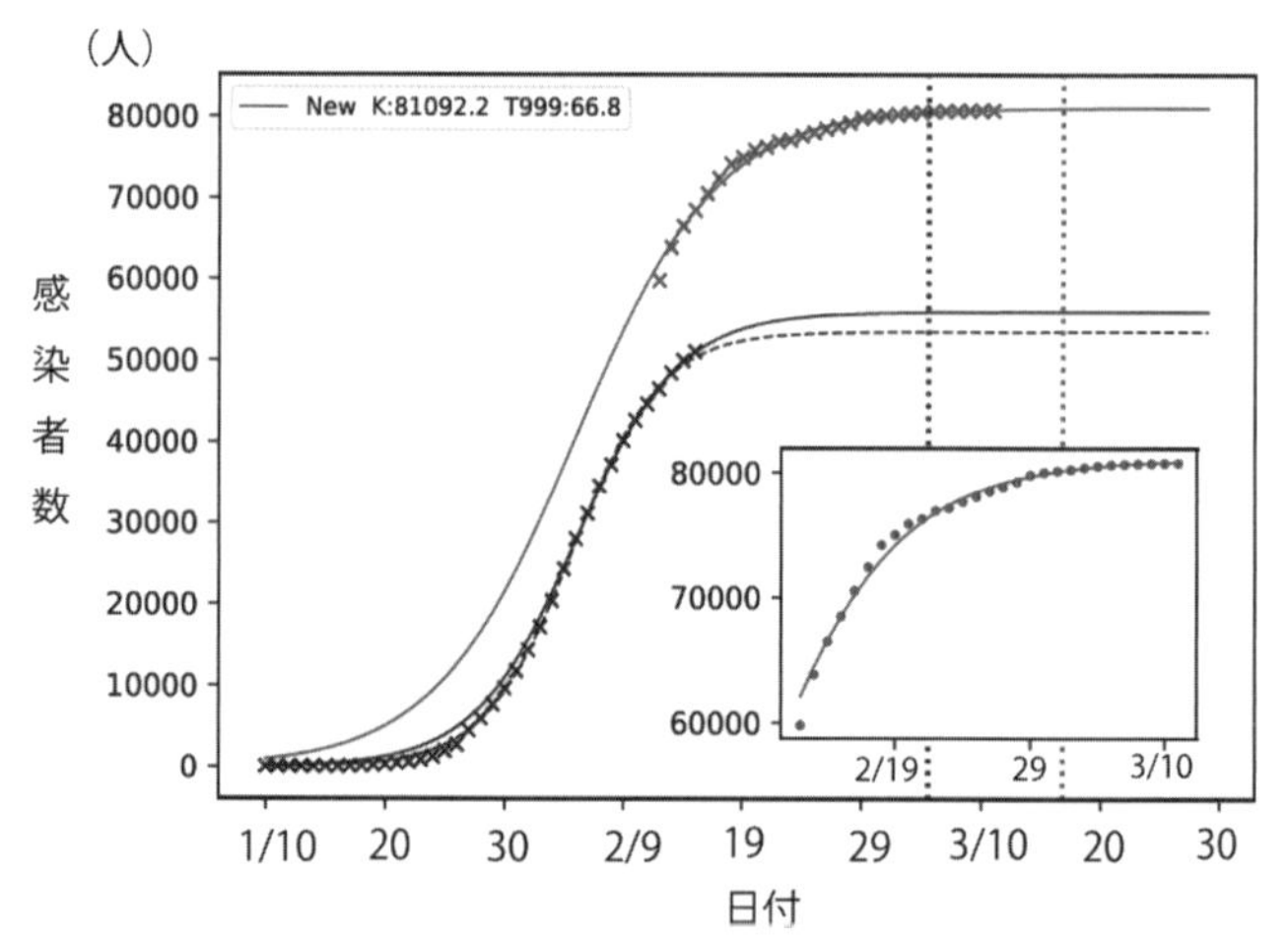

【図２－７】中国における新型コロナウイルス感染者の累計数の変化と分析：点が実データで実線が理論による予測。上段が２月12日時点での分析と予測で、下段が３月12日における再評価（下段には一部の拡大図を含む）。キム・ボムジュン教授より提供

日本では2月に、横浜に停泊していたクルーズ船「ダイヤモンド・プリンセス号」での感染者が増加したことで、海外からも批判を浴びたが、その後、起こったイラン、イタリアから欧州全体、そしてアメリカでの激増に比べれば、比較的、制御がきいていたのではないかとされている。日本人の感染率の低さには、我々が子供の頃に受けたBCGの予防接種との関連なども推測されているが、この抑制は4月7日に発出された非常事態宣言によって一応の継続を見た。しかし、今後の第2波がどのようになるかは6月末現在で不明である。

新型コロナウイルスの広がりは多くの人々の予想を超えた。社会・経済・政治への影響も全く予断を許さない状況にある。ウイルス拡大がおさまっても、一部の国や都市で行われた統制・監視型の社会形態は残るのかもしれない。経済が停滞し、失業者があふれ、社会不安から戦争という最悪のシナリオはなんとか避けてほしいと願うばかりである。

［深く知ろう④］数学的な補足

人や他の生物の数やその分布など、「個体群動態」を再現・予測するための数式を、いくつか紹介しよう（【図2-8】）。

最も基本的な数式は、動態研究の分野ではマルサス・モデルと呼ばれる（【図2-8】上段）。この式では、個体数の増加速度は、現在の個体数に比例するという仮定に基づいていて、1798年にトマス・ロバート・マルサスが発表した『人口論』で提示された。ここで増加率は一定の定数mで、ちょうど銀行の定期預金の固定金利に相当する。この定数はマルサス係数とも呼ばれるが、これが正の値であれば、個体数は図にあるように指数関数として、増加を続ける。1972年にローマクラブにより発表された『成長の限界』(日本語版はダイヤモンド社刊)では、このモデルに基づいて人口増加が予測され、地球上の成長が限界を迎えると警鐘を鳴らし注目を浴びた。少子高齢化が社会的な重要課題となっている今日では考えにくいが、日本でも1950年代初頭と1970年代には、国が人口抑制に積極的であったのである。

しかし、より現実的に考えれば、人口を支えるためには、食料、エネルギーなどさまざまな資源が必要である。現在の日本を見れば、子育てのしやすさなど、社会的なインフラも子孫の増加のためには重要である。これらに限りがあれば、人口の増加も頭打ちになるであろう。このような側面を取り入れて、マルサス・モデルで仮定した、固定された増加率ではない数学モデルも提案されている。個体数が増加すると必要資源が減少するので、個体数の増加率も減少するという考えである。個体数の関数として増加率がどのように減少するのかについてはさまざまに設定できるが、ロジスティック方程式のモデルを【図2-8】の中段に示した。このモデルでは、個体数は増加を続けずに、ある一定数になると頭打ちになる。逆に個体数が、資源などの環境が収容できる限界を超えれば、減少する。

ちなみに世界の人口は増加を続けてきたが、これはさまざまな食料生産技術や医療技術の進歩などにも支えられたもので、現在80億人弱である。もし、ロジスティック方程式に従っていると

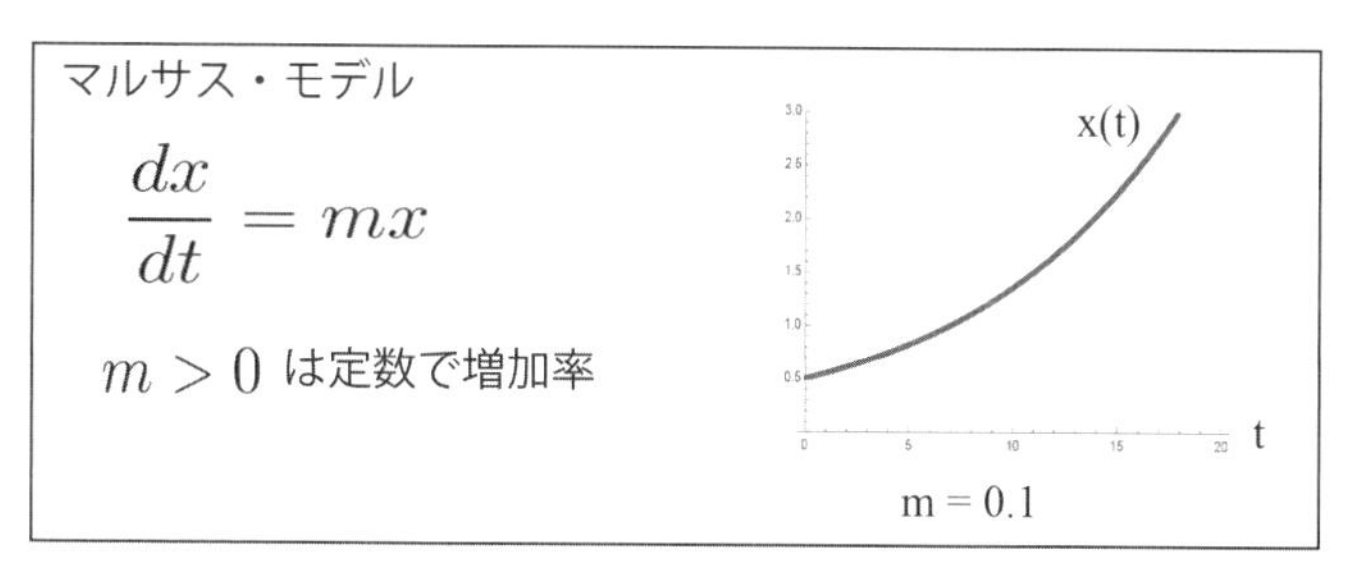

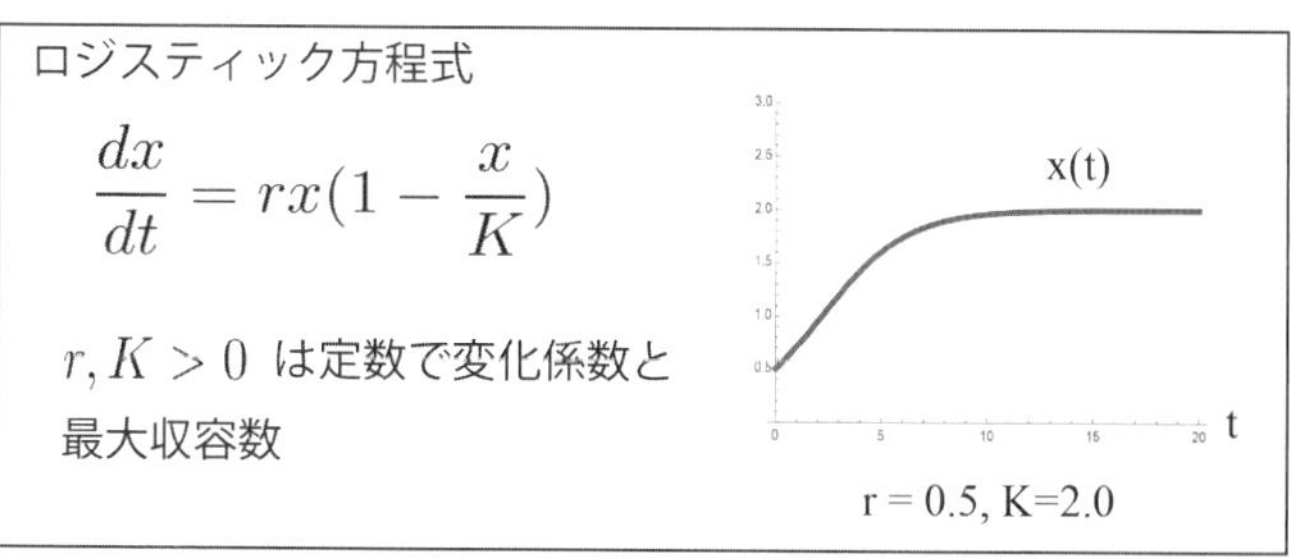

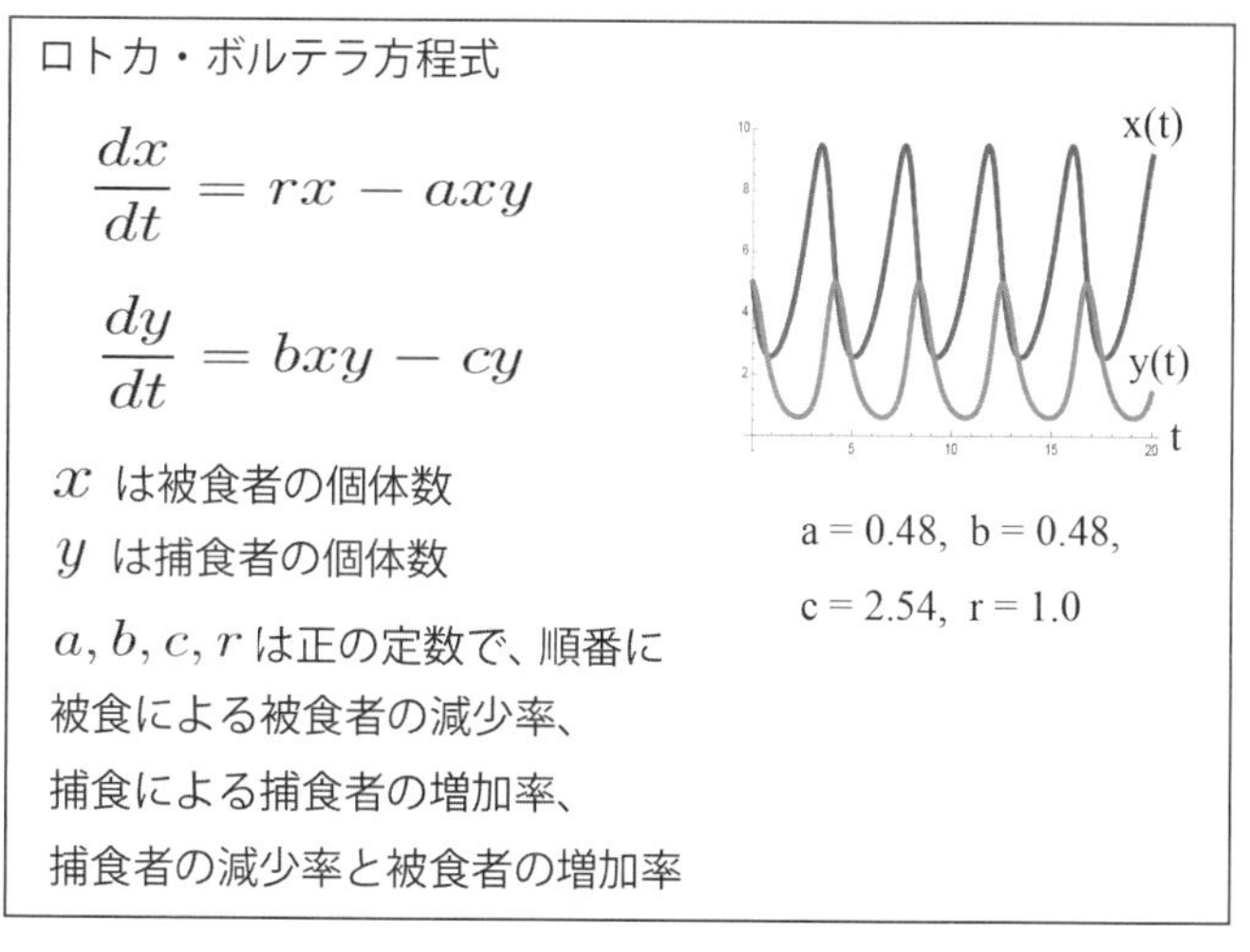

【図２－８】個体群動態を記述する数式

すると、だいたい100億人ぐらいが地球の環境収容限界であると予測できる。今後もさまざまな技術革新が起きるであろうから、より多くなるかもしれない。しかし、不幸にして大きな戦争が起きれば、より減少するかもしれない。

最後に2種類の個体群に拡張した数学モデルを紹介する（【図2-8】下段）。これは、キツネとウサギのように、捕食・被食の関係を取り入れたものである。捕食するキツネの個体数と、餌として被食されるウサギの個体数の、両者の変化を数式で記述したものが、ロトカ・ボルテラ方程式である。このモデルからは条件によって、2種類の個体群のさまざまな変化の状況が導かれる。特に興味深い点は、両者の個体数が交互に周期的に変動するという、現実にも観測される現象を再現できるところにある。捕食する側は、餌の数が多ければより繁殖するが、その繁殖によって餌の数が減ってしまう。すると、捕食する側の数も減少するが、これは一転、餌の増加につながる。これを繰り返す状況が、図にも示した周期的な変動になるのである。

このように一見して単純な連立の方程式であるが、現実をとらえることができるので、拡張版も含めて、現在も活発に研究がなされている。

一方、感染症の動態を数学的モデルで示す数式の代表例は、本文で述べたSIRモデル（ケルマック・マッケンドリック・モデル）である。この式は【図2-9】に示したが、全体の人口Nを3つのグループ、未感染S、感染I、感染後（快復か死亡）R、に分けて、それぞれが時間とともにどのように変化するかを記述する式である。ここでκは感染率、lは快復と致死率で、どちらも定数で正の値をとる。これらの定数は感染症や環境によって異なるが、データなどより推定して決める。

このモデルは3つの連立微分方程式から成るが、第1式は未感染者が感染者と接触して減少していく状況を表している。第2式は感染者が未感染者から増加し、快復もしくは死亡によって減少する状況を、第3式は快復者や死亡者の増加していく状況を示している。ちょうど、S、I、Rとラベルのつけられた3つのタンクがSからI、そしてIからRへ水が流れるように直列に繋がれていて、2つの定数κとlはこのタンクをつなぐパイプの太さ、つまり水の流れやすさに相当する(より厳密には、SとIの間の水の流れやすさはそれぞれのタンクの水量にも依存する)。最初はSに貯められていた水がIとRに時々刻々と流れていく状況で、それぞれのタンクの水の量がその状態の人数に対応する。

$$\frac{dS}{dt} = -\kappa SI$$
$$\frac{dI}{dt} = \kappa SI - lI$$
$$\frac{dR}{dt} = lI$$
$$(S + I + R = N)$$

Sは未感染者の数　κは感染率
Iは感染者の数　lは快復＋致死率
Rは快復＋死亡者の数
Nは対象人口全体の数

【図2-9】SIRモデル

この式をコンピュータで解くと、本文の【図2-6】に示したようなS、I、Rのそれぞれに対応した3つの曲線になる。いくつか条件を変えると違った様相の結果が出現するのである。

SIRモデルについても様々な拡張（例えば潜伏期間の「遅れ」や感染率などの「ゆらぎ」を導入）を施した数式モデルが開発され、2020年の新型コロナウイルス拡大の理論研究にも使われている。

犯人の予測

一昔前までテレビでよく放送されていた、銭形平次や大岡越前などを主役にした捕物の時代劇にはよく腕の立つスリが登場していたが、最近の刑事ドラマなどではあまり聞かなくなった。武器を持ち、集団で行われる強盗などは時々ニュースにも流れるが、指先で勝負するスリというのは、ほぼ聞かない。振り込め詐欺などのように犯罪も巧妙化し、このようなスリは過去の〝芸当〟になってきているからであろうか。

ちなみに資料を見てみると、スリ全体としては平成15年（2003年）の頃には2万5000件を超えていたのだが、近年は減少傾向で年間4000件に満たない。思ったよりも最近まで多

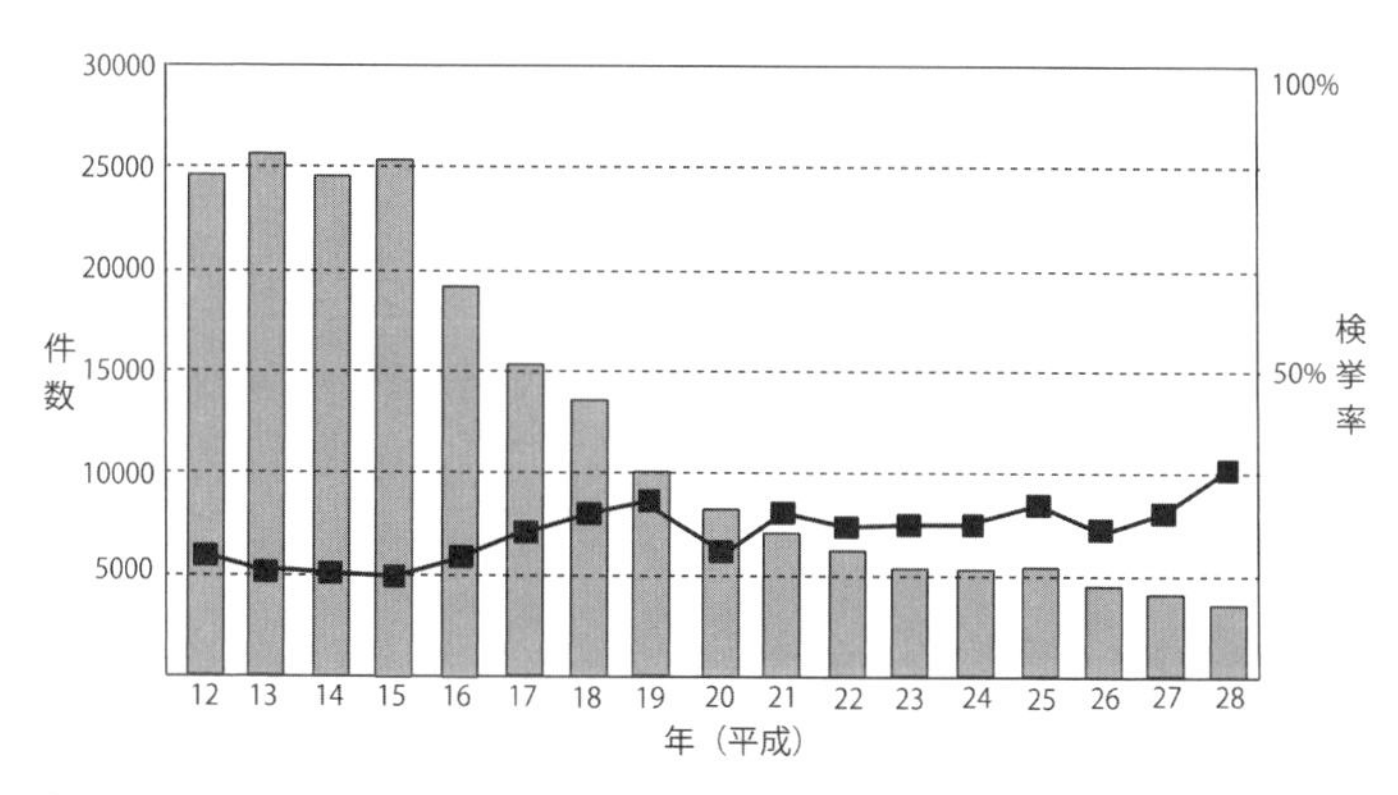

【図２－10】スリ犯罪の認知件数と検挙率の変化（警察庁「犯罪情勢」資料より作成）：棒グラフが認知件数で折れ線が検挙率

かったのだが、ぐっと減ったという印象だ。検挙率は２～４割程度とのことで、こちらは意外と捕まらないものだなという感じであるが、いかがであろうか（【図２－10】）。

この検挙率の改善のために、ということではないが、スリの犯人を予測し特定する問題を「ベイズの定理」と呼ばれる確率の手法を通じて考えてみよう。「ベイズの定理」は統計推定の手法のひとつで、特に結果から原因を推定するという目的で使われることが多い。

簡明さのために、次のような設定を考える。ある商店街でスリの事件が起きた。目撃情報から、容疑者が２人浮かび上がった。この２人、ＡとＢについては、ある程度調べられていて、Ａは腕（指先？）がよく８割の確率でスリを成功させるが、Ｂはやや劣り４割の成功率である。さて、この２人のうち、どちらがより犯人らしいか。

このような時、確率の手法を使うために、まず「事象」というものに切り分けて、それらの関連について考えていく。ここでは次の3つの事象が対象である。

「事件」：スリの事件が起きたという事象
「犯人A」：犯人がAであるという事象
「犯人B」：犯人がBであるという事象

ここで我々が推定したいのは、「事件」が起きたという事実のもとで、犯人がA、またはBとなるそれぞれの確率である。これは何度も述べてきた条件付き確率だ。ここで2つの条件付き確率を、

確率（条件「事件」なら「犯人A」）
確率（条件「事件」なら「犯人B」）

と表記しよう。我々の手元にある情報は2人の容疑者のスリの技術の水準であるが、これらは、もし犯人Aなら、事件が起きるのは8割、もしBなら4割となるが、条件付き確率の考え方から次のように解釈できる。

確率(条件「事件」なら「犯人A」)

$$= \frac{\{\text{事前確率（「犯人A」）} \times \text{確率（条件「犯人A」なら「事件」）}\}}{\{\text{事前確率（「犯人A」）} \times \text{確率（条件「犯人A」なら「事件」）} + \text{事前確率（「犯人B」）} \times \text{確率（条件「犯人B」なら「事件」）}\}}$$

$$= \frac{0.5 \times 0.8}{0.5 \times 0.8 + 0.5 \times 0.4} = \frac{2}{3} = 0.666$$

確率(条件「事件」なら「犯人B」)

$$= \frac{\{\text{事前確率（「犯人B」）} \times \text{確率（条件「犯人B」なら「事件」）}\}}{\{\text{事前確率（「犯人A」）} \times \text{確率（条件「犯人A」なら「事件」）} + \text{事前確率（「犯人B」）} \times \text{確率（条件「犯人B」なら「事件」）}\}}$$

$$= \frac{0.5 \times 0.4}{0.5 \times 0.8 + 0.5 \times 0.4} = \frac{1}{3} = 0.333$$

【図2－11】ベイズの定理を使った犯人の推定計算

確率（条件「犯人A」なら「事件」）＝0.80
確率（条件「犯人B」なら「事件」）＝0.40

　注意したいのは、手元にある情報と求めたい確率とでは条件が入れ替わっているところである。ベイズの定理の枠組みでさらに必要なのは、条件がないとしてどちらが疑わしいかという「主観による確率」である。この条件がない時（事件が起きる前）の確率を事前確率という。動機などにおいて、特に理由がなければ、どちらも犯人となり得る確率は等しい、と考えられる。ここでは、以下のように表記できる。

事前確率（「犯人A」）＝0.50
事前確率（「犯人B」）＝0.50

　ベイズの定理は、これらの事前確率から、我々の知りたい、事件が起きた時にどちらが犯人であるかという確率

（事後確率という）を計算する式を提供してくれる定理である。これらは【図2－11】のように与えられる。

この計算によると、Aが犯人であることの確率が3分の2で、Bについては3分の1である。この違いは、Aのほうがスリの技術が高いことに起因する。

しかし、注意したいのは、事前確率の部分には主観が入っているということである。例えば、Aは最近金回りがよく安定していて、スリの動機が弱いということであれば、事前確率は変わってくる。

これを反映してBのほうがだいぶ疑わしいとしてみよう。例として、以下をとる。

事前確率（「犯人A」）＝0.20
事前確率（「犯人B」）＝0.80

すると、計算しなおされた事後確率は以下となる。

確率（条件「事件」なら「犯人A」）＝1/3＝0.333
確率（条件「事件」なら「犯人B」）＝2/3＝0.666

今度は、Aが犯人であることの確率が3分の1で、Bについては3分の2となり、逆転した。これは、Bの動機による疑わしさが、技術の違いを上回ったからと言える。

この例を見てみると、最初の主観確率の設定によって、どのようにも結果が変わってしまって、予測には役に立たないのではないかという考え方もあるであろう。

事実、歴史的には、このベイズの定理を使った予測や推論は、より統計的なデータを重んじる立場から批判を受け続けてきた。確かに、事前確率については不明であり、主観的に決めなければならないことも多い。しかし、事前確率も、不良品の発生率から原因となった生産工場を特定するための事後確率の計算など、事実から決定できることもある（拙著『ゆらぎ』と「遅れ」』）。

また、前述のスリの場合には、事件が起きたという結果から、犯人を特定しようとしたが、さまざまな状況で結果から原因を特定したいことはよくある。結果が良くない時、例えば、事故が起きた時、不良品が出た時、不祥事が起きた時などいろいろあるが、良いことが起きた時にも、スポーツの試合での勝因を考えるなどがある。これらのような場合でも、うまく数値化できるようなところがあれば、ベイズの定理は力を発揮する。

つまり、単に結果のデータからその特徴や性質を解析するにとどまらず、結果から原因を予測したいという、我々の日常に多々ある状況や思考パターンに沿って、組み上げられているベイズの枠組みは、やはり意義ありと感じられる。

ベイズの定理やベイズ推定については前記の拙著でも述べたが、稀な病気や異常の検出などではやや意外と思われる結果も出ていて興味深い。入門書も多く出ているので、合理的な予測のひとつの手法として眺めていただくのもおすすめである。

スリに話を戻すと、幸い筆者は日本では被害にあったことがないのだが、ベルギーの首都ブリュッセルでやられそうになった。電車に乗る時に、私の前に並んで乗り込んだ男が物を落とし、なぜか私のズボンの裾のあたりに手を伸ばしたので、体をよじったら後ろに立っていた別の男が、私のズボンの後ろポケットに手を伸ばして財布を抜き出そうとしていたのである。体をよじったのが幸いしたのか、これは失敗した。気がつくと、前にいた男も電車のドアが閉まる直前にホームに飛び出して戻っていた。ドアが閉まり動き出した電車の中にいる筆者に、彼らはホームから睨んで怒鳴っている。タイミング的には成功だったのに外したのがよほど悔しかったのであろう。スリの〝芸風〟にもお国柄が出るのだろうが、やはり時代劇に出てくる日本のスリのほうが情緒があるように思われた。

企業に関する予測

ある家計調査（2018年5月1日、明治安田生命）で、日本の一世帯の金融資産が平均120

0万円程度というニュースを聞いた。印象としては、想像よりは多いなという感じがした。職業柄か周囲を見渡しても、それだけの貯蓄を持っているような人を見かけることが少ないからだ。しかし、その分布を見るとまったく貯蓄がないという世帯が2割を超えていて、一方で1000万円以上の貯蓄の人も数割いるということである。こちらについては腑に落ちる。平均を見ていては、実態をつかみにくいという好例であると思う。

さらにそのニュースの中では、どのようにその資産を保持しているかという問いがあり、こちらでは9割を超える人が、銀行での預金であると回答している。株式や他の金融商品への投資はそれぞれ2割程度であった。

「貯蓄から投資へ」という政府の後押しがなかなか現実化しないという、そのニュースの主旨が、この調査でも浮かび上がっていた。2019年6月から社会的に話題となった「2000万円問題」は、金融庁の「市場ワーキング・グループ」が、安定した老後生活のためには、公的年金以外に2000万円必要と予測・提言したことから始まった。このきっかけとなった報告書も「高齢社会における資産形成・管理」との名前であり、「貯蓄」だけではない市場金融商品も含めた「分散投資」を促しているのである。

しかし、実際に投資となると、いろいろと予測をしないといけない。特に株式などを購入するにあたっては、その企業の業績が伸びるのかどうかは重要である。最悪の場合、倒産をして株式が紙切れになってしまうこともある。実は筆者も郵便貯金しかしないようなタイプだったのだが、

1992

順位	企業名	時価総額(億ドル)
1	エクソンモービル	759
2	ウォルマート	736
3	GE	730
4	NTT	713
5	アルトリア・グループ	693
6	AT&T	680
7	コカ・コーラ	549
8	パリバ銀行	545
9	三菱銀行	534
10	メルク	499

2017

順位	企業名	時価総額(億ドル)
1	アップル	8,609
2	グーグル（アルファベット）	7,293
3	マイクロソフト	6,599
4	アマゾン	5,635
5	フェイスブック	5,150
6	テンセント	4,937
7	バークシャー・ハサウェイ	4,892
8	アリババ	4,416
9	ジョンソン・アンド・ジョンソン	3,754
10	JPモルガン・チェース	3,711

【図２－12】1992年末と2017年末の企業の時価総額世界ランキング

アメリカでの教育や生活が影響したのか、若い時には不動産や株式などいろいろと投資をした。今、考えると恐ろしいのだが、年収の数倍も投資をしていた時がある。リスクのある会社に投資していた時に実際に倒産してしまい、株券だけが手元に残った苦い経験もある。

企業の栄枯盛衰の予測は難しい。これは日本だけではなく、アメリカではもっと変化が激しい。次のような企業の株式時価総額世界ランキングのデータがある（【図２－12】）。

これを見れば、今アメリカで株式総額の大きい企業のグーグル、アマゾン、フェイスブックなどは25年前には存在もしていなかったことがわかる。これは社会の中のダイナミズムの違いがもたらしているとも言える。筆者の経験で、当時、アメリカの大学で自分の周りを見ても、求職をする学生の意識として、何が何でも安定した大企業や有名企業に入りたいという雰囲気ではなかった。30年前でも、「昔はAT&TやGEに入れば一生安泰という感じだったのに、昨今はわからない」と大学同期の親御さんが話していたのを覚えている。そして、今のアメリカを見れば実際そのようになった。

筆者から見ると、日本社会はさまざまに封建的な時代の文化が未だに強固であるように感じるのだが、これはよく言えばより落ち着いた社会風土で、大企業なら大名のように安泰という感じが近年まで続いてきた。しかし、最近の日本の大企業を見ると、30年前のアメリカと同様の状況にさしかかりつつあるのかもしれないとも感じる。特に銀行などは、つい数年前までは最も安定した業種のひとつであったが、最近では地方銀行はもとより、都市銀行までもが、支店を整理し、行員数を大幅に減らさざるを得ない状況になっている。

同じ企業でも、業態の変化が著しい場合も日常茶飯事になってきた。特に電気自動車においてはさまざまな企業の参入が報じられている。中でも驚いたのは、今もっとも中国で注目を集めている電気自動車メーカーBYDである（スローガンがBuild Your Dreamsという）。この会社は中国のシリコンバレーと呼ばれる深圳（しんせん）を拠点として、25年ほど前に創業した家電用電池のベンチャー企業であったという。日本のトヨタの織機から自動車への展開も、当時は相当大変であったろうが、家電バッテリーから電気自動車への事業進出は筆者の予測をだいぶ超えた。最近では、世界的な家電・ITの見本市「CES2020」にて、ソニーが電気自動車のコンセプトカーを発表した。電気自動車業界も、いよいよ群雄割拠の時代を迎えている。

ところで、少し話がずれるが、確かにバッテリーは重要な技術である。2019年のノーベル化学賞がリチウムイオン二次電池の開発に贈られ、吉野彰先生が受賞されたのは記憶に新しい。電気というのはエネルギーを伝達するには適した形態だが、蓄えるのは難しい。東日本大震災のあとに顕在化した電力需要への対応の難しさは、余力のある時に作った電気エネルギーをまとめて蓄えておくことが困難であるからだ。また2018年には、やはり地震がきっかけで北海道全域が停電(ブラックアウト)するという事態に至った。また、筆者のかつて在籍していた企業もノートパソコンのバッテリー発火問題で苦しんだが、エネルギーの塊を安全に扱いながら、さらに容量を高めていくというのは、ますます発展が望まれている分野である。そして、もうすでに緊急時のシナリオとして紹介されているが、電気自動車の普及が進めば、多くの家庭に蓄電池があることになり、移動に使わなくても深夜電力などの効率的な消費や非常時への対応が進むことが期待される。自動車は「移動可能なバッテリー」として、より活用されるようになると予測する。

自動車部品のひとつにすぎなかったバッテリーを製造していた会社が、自動車全体を飲み込んで製造するという中国のBYDの例は、今後も続くであろう企業環境の激しい変化の中で、組織として生き延びるひとつの方向性を打ち出していると考えられる。それは社会変化の中で、重要である、もしくは重要となってくる需要にそった技術の「軸」をしっかりと持ち、その軸がぶれることなく機会あれば打って出るという方向性である。BYDも自動車はバッテリー技術の応用事例として考えていたようであり、事実、自動車への進出をバッテリー事業の展開と技術向上のために使っている。アメリカのマイクロソフトも、もとはＩＢＭのパソコンの附属物程度にしか考えられていなかったオペレーティングソフトの軸を磨いて発展させ、いまではサーフェスというタブレット型パソコンを自ら販売して成功させている。ビジネスや技術に限らず、組織も個人も「軸」を持ち、ぶれないように研鑽することは生き延びるために重要な要素だと感じる。

生き延びる企業もあれば、滅亡する企業もある。前に述べた、滅ぶ会社の株を持ち続けて紙切れが残ったという筆者の失敗談は文字通り自己責任であった。しかし、特に問題がなく経営しているように見える企業が、突然大きな問題を発表することもある。また、日本を代表するような企業のいくつかが、倒産近くまで追い込まれる、アジアの企業に買収されてやっと延命するなどの事例も、もはや珍しいことではない。

リコール隠しや燃費不正により、社会の信頼も損ない、日産・ルノーグループの傘下に入った三菱自動車工業。２００７年に粉飾決算が報道されてから大きく傾き、パナソニック、そして中国のハイアールに分割吸収され消滅した三洋電機。そして、やはり不正会計が指摘され、海外の原子力会社買収に失敗し、短期間に大きく傾いた東芝などなど。特に、東芝は高い技術力を誇る、日本を代表する名門企業であり、そのような企業が上場廃止ギリギリまで追い込まれたことには大きく驚いた。

会社の状況から、できるだけ早期に問題、特に倒産可能性を予測することは安心して投資をするためにも必要であり、経営学などの分野では財務諸表などの分析から予測研究を進めている。

その一例として、東京理科大学の保坂忠明准教授が機械学習を用いて興味深い研究をしているので紹介しよう。この研究では、2002年1月から16年6月までに日本の株式市場に上場していた企業で、実質破綻（倒産など）した102社と、継続している企業2062社を分析の対象としている。破綻企業においては、破綻前の4年分の種々の会計項目のデータを用いて解析する。このような破綻・倒産予兆の分析は、会計的な側面からも研究がされているが、保坂氏の研究ではディープ・ラーニングと呼ばれる機械学習アルゴリズムが特に画像識別能力にたけていることを活用しているところがポイントである。

具体的には、財務諸表の各項目の会計的な意義をとりあえず無視して、各項目の数値を相互の割合に換算する。つまり、財務諸表の項目の1次元の数列データを、野球の相互勝敗表をつくるような感じで、2次元化するのである。ここで、さらにその2次元データについて、各数値の大小を白から黒への濃淡（グレースケール）で表示した画像を作り、これをディープ・ラーニングで分析する。いわば会社の状況を反映した「顔」の絵を描いて、この顔から、倒産する企業の特徴をつかまえて予測するわけだ。

ちなみに、機械学習による顔などの画像の識別能力は非常に高い。例えば、髪型、化粧、角度などが異なる2枚の顔写真から同一人物か否かを判別するような実験では、特別の訓練を受けていない、通常の人間の能力をすでに超えていると報告されている。

保坂氏の研究では、財務データを基にしたこの状態画像の描き方をさらに工夫しながら、機械学習の画像識別能力の高さを活用して、倒産か否かの予測の精度を上げることができるということが示された（【図２－13】）。

株式情報誌などで見かける会社の業績評価には、「晴れ」「曇り」「雨」などのマークが使われているが、この研究ではより細やかに表現しているだけでなく、予測判断をさせるためにより適した表現の工夫や機械学習の活用法がある可能性を示唆している。特に近年では、ビットコインのように特定の政府や企業が後ろ盾にない投資先も登場し、状況はますます複雑になっている。証券会社でもＡＩ投資、ロボットアドバイザーのようなアルゴリズム取引を紹介している。刻々と変わる経営状況なども取り込みながらの、アルゴリズム対アルゴリズムの「判断の差」による株式取引もすでに現実のことなのである。

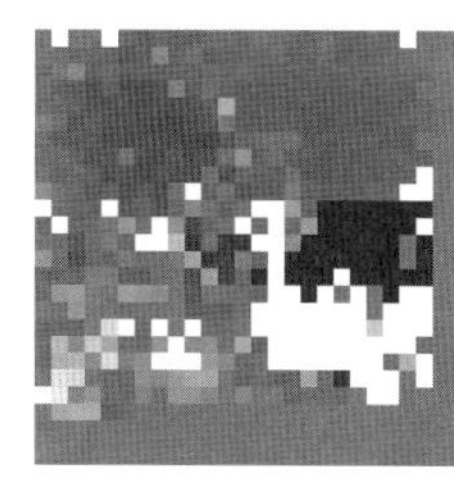

【図２－13】画像化した企業財務データ（保坂忠明准教授の許可を得て転載）

このような中で、人間の入る余地はあるのだろうか？　優れた経営者であれば、財務諸表をぱらぱらとめくっていくだけで、同様の予測ができるのかもしれない。ＡＩなどがより多くのデータを扱える中で、現実と比べた予測の的中率だけでなく、経営者の感性との比較も興味のあるところである。

先の家計調査では、昼食代についても述べていた。夫の平均777円に対して、妻が1263円と1・6倍強である。こちらはまったく実感の通りで、この傾向は今後もあまり変わらないかなと予測する。

相手の判断を予測する

世の中、往々にして物事を決める時に自分だけで決められず、交渉相手や利害関係者など、さまざま関わってくることが多い。例えば、社会的に問題になりつつある老朽化マンションの建替えなどでは、まず住民の意見が一致することはなく、全国に約81万戸ある築40年以上の老朽化マンションで、建て替えられたものはわずか250件（約1万9000戸）程度という（2019年4月時点）。老朽化マンションの数は今後10年で約2・4倍の198万戸になると予測されていて、問題はより顕在化してくるだろう。

数学は世の中とは無縁な部分も多いが、このような交渉に関する理論の研究も「ゲーム理論」として探究されている。数学者ジョン・フォン・ノイマンと経済学者オスカー・モルゲンシュテルンによって創始されたこの数学の一分野は、経済学を中心に広く応用されている。入門書や教科書も多く出ているので、目にしたことのある読者もいるかと思うが、身近な問題設定でも面白い結果を見せてくれる楽しい分野であると感じる。ここではこの分野から2件を紹介して、その面白さを伝えたいと思う。

〈談合のジレンマ〉

今世紀の日本での大きなインフラプロジェクトのひとつは、リニアモーターカーを走らせるリニア中央新幹線である。日本の技術力の低下について疑義はよく耳にするが、それでも土木工事から管制ソフトまでを含めて、このようなプロジェクトを成功に導ける国は少ないと思う。東京の自宅と名古屋の職場を行き来する筆者は、ちょうど開通予定時に定年になるかならないかであるが、楽しみにしている。

このリニアモーターカーに関する工事で入札談合事件が起きたことは、読者の方々もご記憶かと思う。2017年の12月に、大林組、鹿島、清水建設、大成建設のスーパーゼネコン4社が受注調整をしていたとして東京地検の家宅捜索を受けた。年があけて18年の3月23日には、これら4社と元担当幹部2人が起訴され、刑事責任が法廷で問われることになった。

この事件で特徴的なことは「リーニエンシー」（課徴金減免制度）が使われたことである。これは談合など独占禁止法への違反を、公正取引委員会に早期に自主申告することで、課徴金が減免されるという制度である。大林組と清水建設は、06年1月施行の独占禁止法改正で導入された同制度に基づいて申告を行ったとされている。

談合をともに行った者の間では、裏切り者が罰を免れ、得をするという構図になっている。なので、この状況に直面した時には仲間の行動を予想しなければならない。ご存知の読者も多いかも知れないが、数学のゲーム理論ではこのような問題は「囚人のジレンマ」と呼ばれて研究されている。

談合を行ったと思われる2社（囚人）AとBに、その事実を自白させたい。そこで、調査官は次のように告げる。

「もし、ともに黙秘するなら、どちらにも1000万円の罰金とする。しかし、どちらか1社だけが自白したら、その自白したほうは2000万円の罰金で、しないほうは5000万円の罰金だ。ただ、もし両方とも自白したら、両社ともに3000万円の罰金を科す」

そして調査官はこのAとBが相談できないように、別々の部屋に隔離して尋問する。さて、AとBはどうするであろうか。

両社にとっては互いに裏切り合って3000万円の罰金となるよりも、協調してともに黙秘し1000万円の罰金となるほうがよい。しかし、両社とも自分の利益を最大にする、もしくは損失を最小にするという「合理的」な判断をすると、互いに裏切り合うというジレンマに陥ってしまうのである。

このような2人の間のゲームは【図2-14】のように表されることが多い。

この図にしたがって、考えてみよう。AはBのとり得る2つの選択肢について、自分の利益を計算する。

・Bが黙秘（協調）する場合
Aが黙秘すれば「黙秘―黙秘」となり、Aは1000万円の罰金だが、自白すれば「自白―黙秘」で200万円の罰金ですむ。

・Bが自白（裏切る）する場合
Aが黙秘すれば「黙秘―自白」となり、Aは5000万円の罰金となってしまうが、自白すれば「自白―自白」で3000万円ですむ。

		A	
		黙秘	自白
B	黙秘	(1000, 1000)	(200, 5000)
	自白	(5000, 200)	(3000, 3000)

【図2－14】談合者A、Bによる黙秘か自白の選択の結果の罰金（A、B）の表

こう見れば、どちらの場合を考えてもAは自白したほうが、罰金が少なくてすむ。Bの立場に立って考えても同様である。よって、両社とも互いに相手を信じて黙秘すれば最も損失を小さくできるとわかっていても、それぞれの合理的な判断で3000万円の罰金を受けること

になってしまうのだ。

前述のリーニエンシーの制度は、まさにこのような理論を現実に反映したものと言える。確実な証拠を突きつけられない場合にも、仲間同士の疑心暗鬼によって、不正をあぶりだすことができるのである。

このように複数の参加者が絡む交渉や判断において、ゲーム理論はいろいろな状況への理想化された数理モデルを提供することができて、興味深い結果につながったりする。

また、囚人のジレンマでは、互いに協力することができないが、もし互いの信頼関係が強かったり、相手をかばいたいなど、必ずしも合理的でない関係が存在すれば、結果は異なるだろう。自己の利益のみを追求するという合理性が弱い場合についても研究がなされ始めている。代表例が次に述べる最後通牒ゲームである。


〈最後通牒ゲーム〉


伝統的なゲーム理論では、参加者は自身の利益を最大化しようとする合理的な存在であるとされている。しかし、現実には必ずしもそうではないので、相手の行動を予測する時には、非合理性も勘案しないといけない。それが明らかな事例として、最後通牒ゲームと呼ばれるものがある。

参加者はAとBの2人。両者はスポンサーからある金額の資金を獲得できる状況にあるが、スポンサーからは次のように言われた。

「この資金をAの判断でBと分けなさい。ただし、Aの分け方の提案をBが拒否した場合、この資金は提供できない」

仮に、資金額を1000円として、A、Bともにそのことを知っている状況を考えよう。もし、両者ともに合理的であれば、Aは「999円を自分のものとし、Bは1円」と提案するだろう。Bは拒否すれば自分の利得は0円になるので、これを受け入れる。

だが、現実はそうはならずに、Bはこのような提案であれば拒否する可能性もある。実際に実験がなされていて、学生さんに参加してもらったものでは、Bへの配分が下げられて200円になると、「不公平」を理由に拒否される場合が半数程度あるという。そして提案する側のAも折半して500円とする場合が目立ち、これらの結果から、人間には合理性をしのぐ公平性があるとする論者もいる。

しかし、公平性だけでなく、利他性や羨望、プライドなどさまざまな心理的な要素も絡み合うであろう。また、参加する2人が対等の立場かどうかにもよるだろうし、さらに金額にも依存する。特にお金持ちでなければ、同じ割合であっても999億円と1億円と提示されたら、これを受け入れないというのは困難だ。この最後通牒ゲームについては行動経済学という分野で展開されているが、結果を予測せよと言われても、金額や参加者の特性などを細かに見る必要があり困難である。

こうなると「やっぱり数学や理論では、現実をとらえられないではないか」となりがちであるが、それでも理論側から地道に積み上げていくことができる。筆者のゼミの学生も、この最後通牒ゲームに人の個性を数学的に導入する研究を行ってくれた。

その研究の概要は以下のようなものである。参加者においては必ずしも自己の利益を最大化させるということではなく、その個性を反映させた「効用関数」という量を設定して、これを最大化させるようにするのである。例えば、人や状況によっては金銭的な利得よりも、公平性を保ち周囲から信用を得ることを重視する場合がある。これらを総合的にとらえられるような指標として考えるのが効用関数である。

個性もさまざまではあるが、とりあえず参加者には競争的もしくは利己的なタイプと、平等的もしくは利他的なタイプの2種類が存在するとして、その利己的、利他的の度合いを示す係数も、効用関数の中に組み込むようにする。利己的であれば、自身の利益の最大化を目指す傾向が強く、利他的であれば、できるだけ平等な分配を志向する。その上で提案者Aと回答者Bのタイプが同じであったり、違っていたりする組み合わせを数理的に調べていくのである。

この研究の結果としては前述のような適度な分配を容認することが可能になり、現実を多少反映させることができる。残念ながら、モデルとしてはより複雑になるので、数学的に解明していくことは困難になる。また、効用関数もさまざまな設計ができるので、対象とする現実の問題を意識しながら、いろいろ試行錯誤をする必要がある。

最後通牒ゲームは資金の配分だけでなく、ギリギリのところで物事を決めないといけないという状況も反映している。戦争や紛争が始まる直前など、相手の動きを予測して、決裂をさせないための提案をどのようにするかという判断は重要であるし、直接的に提案には含まれないが互いの性向や状況も勘案することは必須になる。自身の政治的な判断を「ＡＩが決めました」ととらえどころのないことを述べたのは小池百合子・東京都知事だが、ここで述べたような研究が、人工知能などとも絡み合って進むのか、そしてそれが我々を幸福にするのかは予測が難しい。

政治の予測と世論調査

「政治の世界は一寸先は闇」とよく言われるが、確かにどのように政治が動くかの予測は難しい。しかし、政党支持率や内閣支持率というのは、その予測のための重要な指標となっている。また、権力にある側もこれらの数字をまったく無視するわけにはいかない。それぞれの時代において、やはり我々国民が政治の方向を選択しているのだと思う。ここでは、このような指標のもとになっている世論調査を中心に、統計が活用されていることを紹介したい。

統計の重要な概念に、母集団と標本がある。標本というと昆虫の標本を思い浮かべる人もいるかも知れないが、ここでの意味はサンプルである。つまり、全部を調べることができないので、そこからいくつかの標本を抜き出して調べてみて、その標本を生み出す母集団の性質を推定するのである。標本も集団であるが、規模は母集団に比べて小さい。

例えば、今の内閣の支持率を調べたい時に、対象は日本の有権者全体とすると、これが母集団となる。新聞社などが1000〜2000人規模の電話調査をしたりするが、これが有権者全体という母集団からの標本になる。

複数の新聞社やメディアが調査を行えば、違った集団への調査となるが、同じ母集団から違う標本を抜き出して、調べることと同じである。違う標本を使えば、違った数字が出てくるのは当然で、内閣支持率なども、メディアによって多少違いが出ることは一般に知られている。

数学的には、どれくらいの大きさの標本を抜き出せば、この結果のばらつきが、あまり大きくならずに、いかによく母集団の性質を推定できるのかが課題となる。簡単な例で段階を踏みながら考えてみよう。

〈仮説の検定〉

少々唐突だが、貨幣の偽造を思い浮かべてもらいたい。今、あるコインがあるとして、その真贋を確かめたいとする。時代劇などでは小判を噛むシーンが出てくるが、ここでは統計を使う。

仮に真のコインは重心が注意深く調整されていて、それを投げた時に表裏が同じ確率で出るとしよう。そこで、このコインを100回投げてみる。その結果、60回が表で、40回が裏であったと

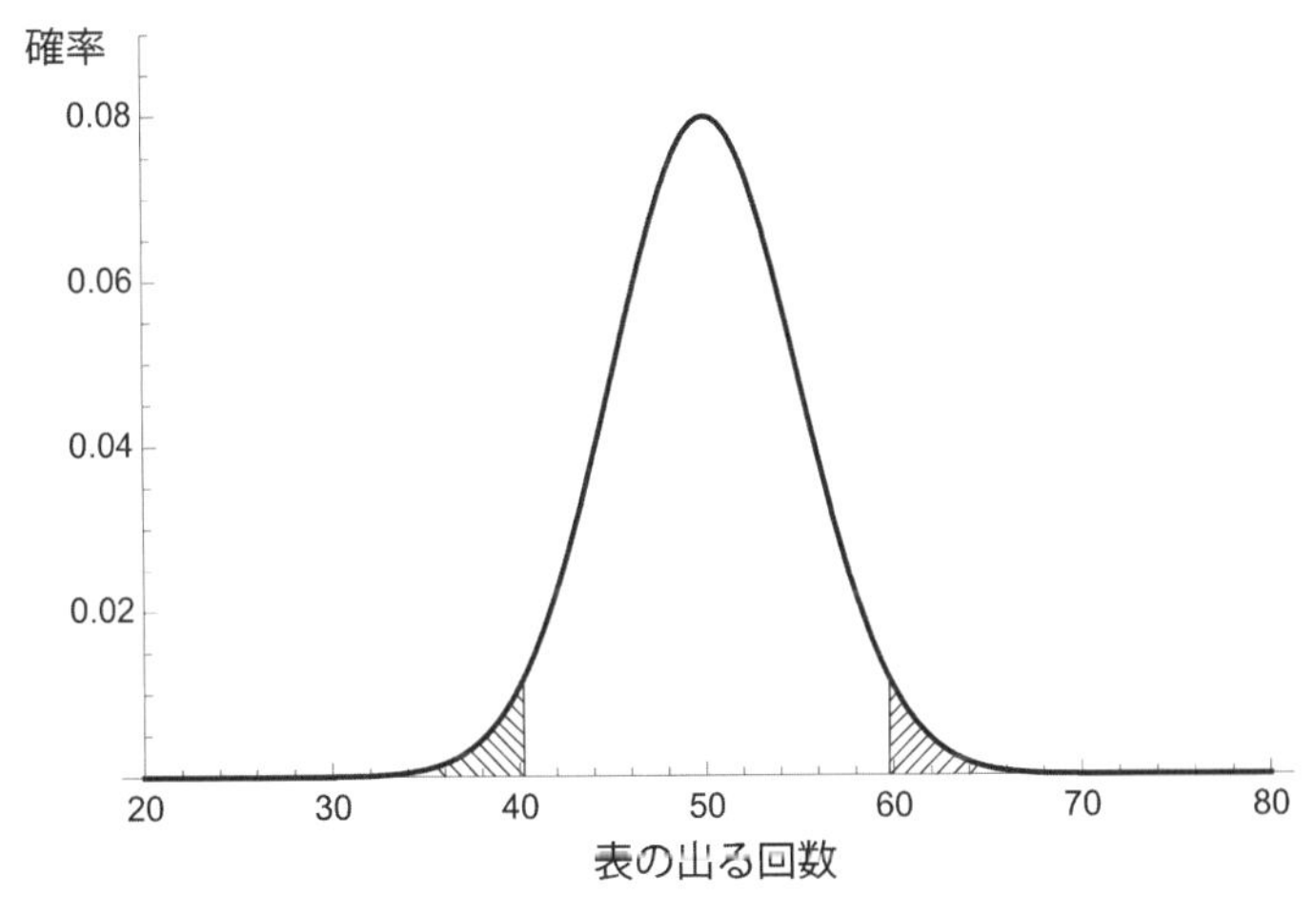

【図２－15】正規分布と有意水準５％の表示

する。表と裏の出る回数のバランスがずれるほど、偽造コインであると疑われるのは感覚的に理解できると思うが、今回のような結果は微妙である。もう１００回投げたら、逆に表の出る回数が40回にとどまるかもしれない。

このような場合には、いくつかの理想的な仮定を入れながら、確率的に真偽の判定を行うのが、統計的な「仮説検定」の考え方である。まず、仮説を立てる。そして、それを受け入れるか、棄却するかの基準を決める。この基準を「有意水準」と呼んで、通常は５％程度の小さな確率の値とする。もし、実験事実がこの範囲に入れば、稀なことが起きたことになり、仮説を棄却することにする。

先のコインの場合で考えてみよう。今、繰り返し投げているコインが真のコインであるとする。つまり「真のコインである」という仮説を立てる。

続いて考えるのが、では、真のコインであれば100回コインを投げて60回表が出るということが起きる確率はどのくらいなのかを計算する。この時には回数の少ない実験であれば二項分布という確率計算をするが、回数の多い実験であれば、正規分布という確率分布で近似した計算を行うことが多い。

【図2-15】に正規確率分布を示すが、真のコインであれば、つまり仮説が正しければ、表の出る回数は、山の中央の50回近くであろう。この時、仮説を正しいものとして受け入れる範囲を決めるのが有意水準で、白い部分と斜線の部分の境界を決めることになる。仮に5％とすれば、白い部分は95％の面積となるので、そこに収まる実験結果を許容できるものとして回数の範囲を決めることが可能である。計算をすると、100回のコイン投げでは、40・2〜59・8回となる。60回表が出たというのは、ぎりぎり斜線の部分に入っており、仮説が正しければ5％より小さい確率でしか起きないことが起きたので、この仮説を棄却して、偽造コインである疑いが高いとする。

ここで注意すべきは、この検定では仮説の立て方や、有意水準の決め方によって、結論が変わってくるということである。例えば有意水準を5％から1％にすれば、60回表が出たということは、許容の範囲となる。図で言えば、斜線の部分がさらに左右の裾に動いて、白い部分が99％となるのである。

また、有意水準は通常小さい確率の値に設定するため、仮説が棄却されれば、その仮説を支持しない稀な実験結果が出たので、統計的にも仮説が疑わしいと言えるのだが、逆に受け入れられたからといって、仮説が正しいとはすぐに言いにくいのである。

このような点に注意して、問題を見ながら、仮説や有意水準を決める必要がある。そして、仮説の受け入れや棄却についても、その示すところは、あくまで確率的な判断であることが重要だ。

〈**推定値のばらつき**〉

話を内閣支持率の世論調査に戻そう。メディアによって違った標本を使うので、支持率にばらつきがあるが、では、出てきた数値にどれだけの信頼性があるのかという問題が出てくる。これにはさまざまな要因が絡む。まず標本のとり方である。もし、特定の政党を支持している集団からの標本であれば、それが日本全体の有権者の考えを反映しているとは言いがたい。また、メディアにも影響を受けるだろうから、自らの発行する新聞の購読者を対象にした調査も同様に偏りがあるだろう。調査できる標本数は限られるだろうから、その中で母集団を適切に反映させるのは簡単ではないと思われる。

では、どれだけの数の標本をとればよいだろうか。視聴率の調査では全国で7000世帯弱に調査を依頼しているというが、これは全国約5000万世帯の0・1%にも満たない。内閣支持率などもインターネットを使った調査で数万人というのがあるが、通常1000～2000人程度である。この数では数千万人の有権者について、まともな推定はできないだろうと感じられるかもしれない。

しかし、統計学の考え方を使うと、数千の標本数でもある程度の精度が得られることが知られている。例えば前述のコインの真贋の問題で、仮に偽造であったとしたら、実験結果から逆に、表の出る確率がどれくらいの偽造コインであるかという推定をすることもできる。委細には立ち入らないが、１００回という標本数であったが、この推定値は95％の信頼度で、コインの表の出る確率は、

0.6 ± 0.096

であると推定できる。誤差の幅は10％ほどとなるが、標本数を増やせば、より精度を上げることができる。例えば信頼度95％でこの誤差の幅を２％以内に抑えるには、２５００ほどの標本数でよいことが計算できる。これは母集団の大きさによらないのが面白いところで、世論調査で数千の標本数というのには根拠があるのである。

類似の理論は、例えば選挙の当選予想に応用されるので簡単に紹介しておこう。開票率が１％程度でも当選確実と報道されるのを不思議に感じたことはないだろうか。ここでポイントとなるのは、開票率ではなく、開票した票の数である。前述と同様の理論を用いると、もし１０００票を開票したところ、６割がある候補への投票であれば、95％の信頼度でその候補の支持率が56％

と63%の間だと推定できる。総投票数が10万であり、当確（過半数の票を獲得）の水準を95%の信頼度とすれば、これで1%の開票率（1000票を開票）での当確となる。

一方、現実はなかなか数学の理想化とは相容れない。2014年9月に行われた新聞などによる内閣支持率の調査では、その幅は47%から64%、18年3月の調査では31%から48%とばらつきは大きい。また、実際の選挙報道では出口調査や各報道機関独自の判断が加えられている。これらを見ると、調査の手法、設問の設定や、調査対象者の選定など、前述したような数学以外の部分での影響が大きいと考えられる。政治の世界の予測は、やはり一筋縄ではいかないようである。

第3章　科学や技術における予測

数学における予測

　現実の世界においてもさまざまな予測や予想ができるように、数学の世界でも予想が存在する。数学は人間が概念として組み立てたもので、現実には存在しないものと一般には考えられる。学校の授業を受けながら、いったいこんな記号や概念が何の役に立つのだろうと思った向きもけっこう多いのではないか。しかし、現代において、数学は科学だけでなく、心理・社会・経済分野においても欠かすことのできない「言語」として使われている。さらに、数学教室の同僚たちに言わせると、単なる言語ではなく、そこには非常に豊かな世界が、現実のように広がっており、数学者はその世界を探検しているのだという。数学の予想は未解決の問題であり、その探検や冒険の「道しるべ」として非常に重要な役割を果たしている。優れた予想は、数学の世界においても大きな影響力を持ち、予想を解くという目標に向かって活発な活動が行われ、周辺の開拓も含めて、数学を前進させる。

また、いくつかの困難な予想は驚くほど簡単に述べることができる。ここではそのような2つの例を紹介して、数学の世界の豊かさを感じてもらいたいと思う。

〈ゴールドバッハの予想〉

この予想は、1742年にプロイセン出身の数学者であるクリスティアン・ゴールドバッハが、スイスの数学者レオンハルト・オイラーに宛てた手紙で指摘したとされている。問題は非常に簡明で、

2より大きい全ての偶数は2つの素数の和で表される。

というものである。素数は次に示すように、1以外の自身より小さい自然数では割り切れない数である。

2、3、5、7、11、13、17、19、23、29、31、……

この問題の具体例を小さい偶数から順番に見れば、【図3－1】のようになる。ここにあるように同じ素数を2度使っても良いし、偶数によっては、この和の表現が一通りでない場合もある。

さて、述べるのが簡単であるからと言って、証明も簡単とは限らないのが数学の深遠なところで、この問題も250年以上も証明がなされておらず、予想のまま今日に至っている。ただ、コンピュータを用いた計算では4×10の18乗（10億の10億倍）という非常に大きな数まで正しいことが調べられていて、多くの数学者もその正しさを信じている。しかし、証明は未だ存在しないので、定理とはならずに予想にとどまっているのである。素数にまつわる不思議の解明は数学の中心的な課題のひとつであるが、この問題もその一例となっている。

2より大きい全ての偶数は2つの素数の和で表される

例：
4＝2＋2
6＝3＋3
8＝3＋5
10＝5＋5
12＝5＋7
14＝3＋11＝7＋7
16＝3＋13＝5＋11
18＝5＋13＝7＋11
・・・

【図3－1】ゴールドバッハの予想

〈**角谷の予想**〉

この問題はドイツの数学者ローター・コラッツにより1937年に提示されたが、イェール大学の教授であった角谷静夫先生が精力的に取り組まれたので、「角谷の予想」としても広く知られている。2011年度の大学入試センター試験で数学の問題として取り上げられた。この予想も記述は簡明である。

ある自然数Nがあるとする。この数から出発して以下のどちらかを行う。

（a）もし与えられた数が偶数なら2で割る

（b）もし与えられた数が奇数なら3をかけて1を足す

これによって出てきた数に対して、右の操作を繰り返す。すると、どのような数も必ず1に到達する。

まず、具体例を見てみよう。【図3－2】には、例えばN＝7やN＝15から出発すると、どのような数をたどって1に至るかが示してある。角谷の予想は、どのような数から出発しても、この操作の繰り返しで1になるというのである。

この問題も現在において未解決であり、計算機によって非常に大きな自然数についても確かめられている。反例は見つかっていないので、正しいと信じられているが、証明されていないので予想にとどまっている。出てくる操作としては、自然数の、足し算、かけ算、割り算だけで、具体的な計算は小学生でもできる。しかし、すでに80年を経たにもかかわらず解かれていない困難な問題なのである。

さらに、いくつかのバリエーションを考えることができる。例えば、ルールの（b）を少し変えて、「3をかけて1を足す」のかわりに「5をかけて1を足す」としてみよう。この場合には、1に到達しない数があることは、具体例をあげて示すことができる。例えば13からスタートすれば、

13, 66, 33, 166, 83, 416, 208, 104, 52, 26, 13, ……

となって、1に至ることのないループに入ってしまう。3をかけるというのがポイントで、5を始め、3以外の奇数をかけるのでは、やはり1に到達できないのではないかとも予想されている。同じルールや法則に従っているのに、特定の数で特異なことが起きるのが、数学の面白さであり、深みでもある。この問題もその一例である。

ある自然数Nより始めて、次のルールを適用する
(a) 数が偶数なら2で割る
(b) 数が奇数なら3をかけて1を足す
このルールを繰り返すとどのような数も必ず1に到達する

N＝7　7 は奇数なのでルール（b）－＞ 22
22 は偶数なのでルール（a）－＞ 11
…
7, 22, 11, 34, 17, 52, 26, 13, 40, 20, 10, 5, 16, 8, 4, 2, 1
N＝15
15, 46, 23, 70, 35, 106, 53, 160, 40, 20, 10, 5, 16, 8, 4, 2, 1

【図3－2】角谷の予想

物理学における予測

数学における予測や予想と同じように、物理学においてもさまざまな予想や予測が存在する。こちらでは、主に理論からの予想や予測が、実験や観測によって確認されるという道筋をとる。近年、重力波、ヒッグス粒子と、重要な予測が、実験や観測によって次々と確認された。ここではこれらの概要を紹介しよう。

〈重力波の予測〉

２０１５年から翌年にかけての物理学の大きなニュースは重力波の発見である。これは、ちょうど１００年前の１９１５年から16年にかけてアインシュタインが発表した一般相対性理論に基づく、質量によってどのように時間と空間が曲げられるかという法則を示したアインシュタイン方程式による予言である。大きな質量を持つ星やブラックホールの衝突や高速度の動きによって引き起こされる時空の歪（ゆがみ）が波として光速で伝搬するというのが重力波である。

我々の身近にある波は、音波であったり、水波であったりするように、空気や水のような媒体が振動することで伝わる。しかし、重力波はそのような媒体を必要としない。しかし、時間や空間に歪をもたらすことで伝わる。これはなかなかわかりにくいが、例えば、太陽のすぐ側を通るような光は、太陽の質量によって歪んだ空間を通るので、そうでない空間を通過する光と比べて、曲がって進むように観測される。ちょうど世界地図の上と地球儀の上で名古屋とロサンゼルスを最短距離で結ぶ線は異なるのと似ている。光はある地点から別の地点に最短距離で移動する。これは平面上であれば直線であるが、一般の曲がった時空上では測地線と呼ばれる。そしてさらに複雑なことに、質量の存在が時空を変え、その変化が逆にその存在の運動に影響を与えるという相互関係にあるのである。

ちょうど電磁波がエネルギーを運ぶことによって我々が携帯電話で通話することができるように、重力波も重力エネルギーを伝搬する。重力波の発生源はこれによってエネルギーを失うので、その運動が変化する。重力波の存在をこの運動の変化を観測することで示そうという研究が行われた。対象はパルサーというある方向に光（電磁波）のビームを発する星である。これらは一般に大きな質量を持ち高速で自転をするので、ちょうど夜の灯台を見るように、周期的に点滅するように見える。つまり見かけ上は数ミリ秒から数秒で周期的に光のパルスを発しているように見えるのである。パルサーが発見されたのは1967年である（観測したチームを率いたアントニー・ヒューイッシュが1974年のノーベル物理学賞を受賞）。そして、他の星と連動して動いている連星パルサーが74年に見つかり、その運動やパルスの変化を観測し、一般相対論に基づく重力波によるエネルギー損失の計算との照合から、重力波の存在を推定する研究が行われた。この研究も93年にノーベル物理学賞を受賞している（ラッセル・ハルス、ジョセフ・テイラー）。だが、これはあくまで重力波の存在の間接的な検出であり、直接的な検出は2015年まで待たねばならなかった。

直接的な検出といっても、重力波に関してはこれは困難を極める。あまりにも波の振幅が小さく、10のマイナス21乗メートルのレベルの歪を検出しなければならないからだ。これは地球全体の表面（面積約5・06×10の8乗平方キロ）から砂粒（面積約0・5平方ミリ）をひとつ見つけるに近いレベルである。さらに、重力波が地球に届くには、それを発生させるようなイベントが宇宙のどこかで起きるのを待つしかないのである。

そんな波を見つけることができるはずはない、というのが筆者も持つ普通の感覚だろうが、人間の知恵というのは驚異的である。波と波がぶつかった時には、さまざまな波のパターンができる干渉という現象が起きるが、この干渉パターンは元のぶつかる波のほんの小さな性質の変化にも敏感に反応する。アメリカの物理学者アルバート・マイケルソンは、これを光に応用した干渉計を19世紀後半に発明した。彼は光の速度を測ったり、このマイケルソン干渉計を用いて、これものちにアインシュタインの特殊相対性理論の正しさを裏付ける実験を行い（【図3－3】）、その業績によって、1907年のノーベル物理学賞を受賞した。

2015年の重力波の発見も、原理はマイケルソン干渉計と同じである。違いは、その大きさが机の上に乗るようなサイズから、一辺が4キロのL字型の巨大施設になったことである。干渉はぶつかる元の波の微細な変化も反映すると述べたが、時空の歪をもたらす重力波の影響を、L字型の2つの方向のレーザー光の干渉パターンの変化により見つけたい。その検知精度を、これも前述した驚異的なレベルに引き上げるために、巨大干渉計が必要となったのである。そしてこのプロジェクトはＬＩＧＯ（Laser Interferometer Gravitational-Wave Observatory：レーザー干渉計重力波観測所）と名付けられた。優れた実験の着想は、優れた理論とその予測と同様に１００年の時間を超えても生き延びるのである。

頻度の少ない事象について高精度での検出を行うためには、実験設備だけでなく、その運用においても工夫が必要である。ＬＩＧＯでは時々、重力波が届いたかのような疑似入力信号が極秘に意図的に注入され、検出器や科学者たちが適切に対応できるかどうかを試していた。２０１０年にはこれが本当の発見と思い込まれ、発見論文の投稿直前に開かれた祝いのパーティーで、これが疑似入力だったことが明かされるという徹底ぶりである（委細は高橋真理子『重力波　発見！』、新潮選書）。

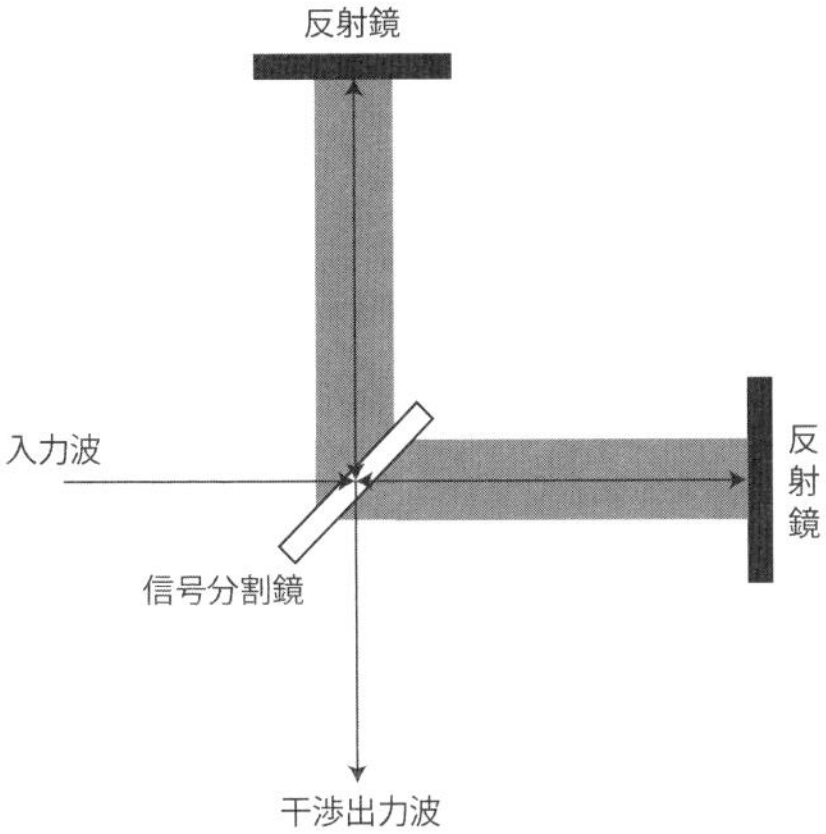

入力波（光）を信号分割鏡でＬ字型をした２方向に分けて、反射鏡を使い往復させる。光は再度分割鏡において合わさり、出力波の観測から、干渉の有無を調べる

【図３－３】マイケルソン・モーリーの実験の干渉計の模式図

２０１５年９月14日に重力波をうかがわせる信号がとらえられた時も、それが

理論予測とよく符合する信号だったということと、この時期にＬＩＧＯが精度向上のアップグレードを終えて、４日後の９月18日よりの本格運転にむけて試運転中であったことで、疑似入力信号であろうと所長も含めて考えたらしい。しかし、しばらくして、だれも疑似入力信号を注入していないことが判明し、興奮と緊張感の中で、より慎重なデータ解析が進められたという。この発見は翌16年に正式に発表され、観測に貢献した３名が翌年にノーベル賞を受賞した。まさに現代物理学の重要な予測とその正しさが、この発見によってなされたのである。

余談になるが、筆者と同じく、グルー・バンクロフト留学奨学金をもらってアメリカに留学した後輩が、当時マサチューセッツ工科大学（ＭＩＴ）の大学院生として、このＬＩＧＯプロジェクトに参加していた。彼が２０１３年７月に筆者の職場である名古屋大学を訪問してくれたのだが、その時すでに「ここ数年で重力波は見つかると思います」と予言したので、驚いて理由を聞くと、ＬＩＧＯの巨大実験装置の干渉観測精度が、前述のアップグレードによって大きく向上するからだという。筆者は半信半疑であったが、彼の予測が的中した。発見を報じた２０１６年の学術論文には彼の名前も著者に記載されていて、とても喜ばしく感じた。

しかし、ＬＩＧＯは数百億円という大きな資金と多くの科学者・技術者が投入されての、巨大事業でもあった。たった一人の人間の開拓した理論とその予測が、このような巨大なシステムによって１００年後に裏付けられるとは、アインシュタイン博士をしても、重力波の存在よりも難しい予測であったかもしれない。

〈質量を生み出すメカニズムの予測〉

２０１３年のノーベル物理学賞は、「質量の起源の理解につながる機構の発見」の業績を讃えて、イギリスのピーター・ヒッグス教授とベルギーのフランソワ・アングレール教授に授与された。これは両博士が１９６４年に提唱した質量の起源の理論と予測が、50年近くを経て２０１３年3月に「ヒッグス粒子の発見」という形で実験検証されたことによる。

まず、ここで言う「質量の起源」の意味を考えよう。質量は通常、我々の日常では「重さ」のことである。物質の性質という意味では、質量は「大きさ」という概念と並んで、最も古くから認識されていると考えられる。あまりにも身近なので、特に予測の対象となるものではないように感じられるだろう。質量がない世界というのを想像すれば、それは何もない無の世界ではないかと思うかもしれない。しかし、現実には光の粒子である光子のように質量のない粒子も存在する。では、どうしてこのように質量を持つものと、持たないものができたのか。持つものはどのようにしてそのようになれたのか。この疑問は、ちょうど生命の起源や文明の起源がどのようなものであったかを予測・推測するように、物理学では重要な課題であったのである。そのひとつの予測としてヒッグス粒子が存在するということが鍵であると提唱され、そして前述のように実験で確認されたのである。

自然界には、電気や磁気と関係する「電磁気力」、そして日常にはまったく現れない極小の素粒子の世界の「弱い力」「強い力」、そして「重力」という4つの力が存在する。そしてよく知られているように、質量は重力・万有引力と密接に結びついている。しかし、この最も古い物理概念である重力が、現代物理学においても依然、最も困難な対象であることは興味深い。この4つの力においても、「電磁気力」、「弱い力」、「強い力」の3つの力は、それらの間の関係がほぼ解明されているが、最も身近な重力との関係だけが未解決の難問として残されている。

　ここでは詳しくは述べないが、この質量という概念も、物理学の進歩とともに、より詳細に理解されるようになった。実は、質量は1つでなく、「慣性質量」と「重力質量」の2つに分かれる。これは、この2つの質量を測定する手続きが違うからである。前者は加えた力に対して、どれだけ動かしやすいかという度合いを示す量で、後者は木からりんごが地に落ちたり、星の運行を決めている、文字通り重力に関する量である。そして、この2つの質量を異なる実験手続きを用いて比較する精密実験は18世紀末より現代に至るまで続けられている。

　この比較が重要なのは、前節で述べた重力波の予測を生み出した、アインシュタインの一般相対性理論が、2つの質量の測定値が一致するということを基礎として組み上げられているからである。そして、現在までの実験の結果はこれを高精度に支持している。つまり概念としては2つの質量に分かれるのだが、実際に測ると同じ値になっているので、その意味では我々が通常考えるように1つの質量として考えて良いということなのだ。

　ヒッグス粒子を考えるのにも、質量という概念から出発する。質量は体重計などで測定できる重さであると理解されているのだが、慣性質量で触れたように、物理ではこれを動かしやすさ、逆に言えば「動きにくさの度合い」として考える。確かに重いものは動かしにくいし、筆者のような太っちょは動きが緩慢である。物質の質量は、この視点から考えるのだ。

正確ではないが、類似で考えよう。プールで水中ウォーキングをする人は多いが、「裸の重さ」が同じでも体形が違うと歩きやすさはどうなるだろうか。例えばヒトではないが、動きに対して横に広がった板は、水の抵抗を感じて動きにくい。しかし板を垂直に向ければ、これはだいぶ動きやすくなる。もしも細い棒になったり、魚のような形になれば、もっとスイスイ動かせるし、針のように非常に細くしてしまえば、水の中でも、空気の中を動くのと同じように動かせるだろう。実は質量というのは、この時の動きやすさの度合いとして定義するのである。動きにくい横向きの板は重く、動きやすい針は軽い。

物質で最も小さい素粒子たちの質量も同様に定義する。まず、世界はヒッグス場という「水」で満ちていて、素粒子たちはその中を動き回っている。そして「裸の重さ」はゼロであるが、先に述べたような「形」に相当する個性があり、これがヒッグス場からの抵抗をどれだけ受けるかを決めている。この中で、抵抗を受ける素粒子には質量があり、まったく受けないものは質量がない素粒子と考えられている。光の粒子である光子は、ヒッグス場の抵抗をまったく感じない「形」なので、質量ゼロである。他方、電子は少し抵抗を感じるので、軽い素粒子である。しかし、物質を形作っている中性子や陽子、そしてさらにそれらの構成要素であるクォークと呼ばれる素粒子は、より強い抵抗を受ける個性を持っているので、より大きな質量を持つ。つまり、質量とはヒッグス場からどれくらい影響を受けやすいかという度合いなのである。そして、ヒッグス粒子は、物質がヒッグス場と絡んだことを示す証拠となっていて、その存在とともに、具体的にどのような粒子であるかという予測が理論の上でなされていた。つまり、ヒッグス粒子が予測にそって存在すれば、これまで述べた質量の起源の理論の正しさの裏付けが取れたことになる。

しかし、ヒッグス粒子の「命」は儚く、すぐに消えてしまい、ほとんど検出不可能である。それでも、この存在の有無を検証すべく、2008年にCERN（セルン）と呼ばれるヨーロッパのスイスとフランスにまたがる、全周27キロの巨大実験施設で、史上最高のエネルギーを作り出すLHC（Large Hadron Collider）という観測システムが作り上げられた。このLHCの巨大円形トンネル内で、時計回りと反時計回りに光速に近いところまで加速された陽子のビームを作り、それを衝突させる。

その時にさまざまな別の素粒子が生み出されるのだが、その中で、ヒッグス粒子が姿を現すのは1兆回に1度とも予想されている。その数少ないチャンスの中でヒッグス粒子を拾い上げるのである。拾い上げるといっても、どこかにつまみ出せるものではない。膨大な回数の衝突のあと、統計的にデータを分析した時に、確率分布を示すグラフに理論で予想されるエネルギーでピーク（山の形）が現れるかを探るのだ（【図3-4】）。高い精度も要求され、高速列車の通過、近くのレマン湖の水位など、考えられるありとあらゆる要素の影響が勘案される。まさにビッグデータ解析を極限まで慎重に行って、存在が予想されるポイントに特異性が現れるか否かを見つけ出すのである。

世界中から数千人の学者・技術者が、この実験プロジェクトに参加し、努力を積み重ねた結果、2011年12月に、ヒッグス粒子の存在の兆候が見られたとの発表があった。しかし、確定にはより多くのデータが必要とされ、翌12年7月に「ヒッグス粒子と思われる新粒子の発見」の発表がなされたが、さらなる実験と解析により、8カ月後の13年3月14日に「発見された新粒子がヒッグス粒子であることを示唆」という慎重な言い回しで、発見が発表された。

これを受けて、同年の秋に、先に述べた理論構築と予測を行った2人の物理学者へのノーベル賞の授与が決まったのである。12年7月のCERNの発表会場には、当時83歳のヒッグス教授も同席して「まさか生きているうちにこの日を迎えるとは」との感慨深いコメントを出している。この物理学における重要な予測の、非常に困難と言われた実験検証の発表が、その提唱者の目前で成し遂げられたことは、まったく喜ばしいとしか言いようがない。

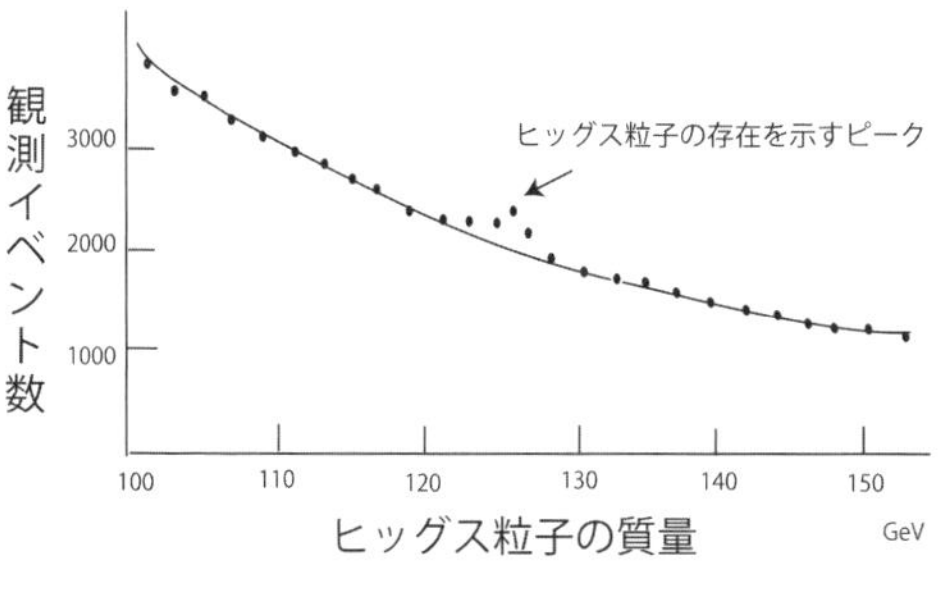

【図3－4】ヒッグス粒子の発見を示すグラフの概要図

予測と確率

これまでに見てきたように、確率の概念や計算は予測を行う時に重要な役割を果たしている。確率の教科書にも、さまざまな応用が予測と絡ませて例示されている。ここではそのような中から2つ、身近ながらも「少し意外」な事例を紹介しよう。

〈トレンドの予測〉

筆者は、競馬や競輪などのギャンブルはしないのだが、既に述べたように30代から40代（1995年から2005年くらい）に、あれこれと不動産や株式に投資をした。今から考えるとまったく恐ろしいのだが、身の丈に合わない住宅ローンを複数かかえて、東京の港区や大田区に数件の不動産を所有し、賃貸に出したりしていた。また、株式の売買も行い、こちらも年収の数倍くらいの信用取引（保証金を積んでの、いわば借金による取引）を行っていた。しかし、なにか特別な投資理論を持っていたわけではなく、学者らしからぬまったくのヤマカン投資であった。特によくインターネットの掲示板を見て、話題になっているような経営者や企業の株を売買した。いわゆる思惑で動くギャンブル的な銘柄なので、当たる時も外す時も大きい。前述したように株式が紙切れになるという経験もした。自身の経験としてはうまくいく時は一瞬で、ほとんどの場合失敗しているので、自分の愚かさを思い知らされることが度々である。

株式投資や為替投資に関しては、世の中に非常に多くの指南書が出されているし、少しでも確かな予測方法や投資手法があれば、これは大きな実利につながる。実際にそのような手法を編み出したとして、インターネット配信や書籍の方で荒稼ぎをしている猛者たちもいる。デイトレーダーのように自分で短期に売買を繰り返す投資法や、投資信託などのように資産運用会社のプロにまかせてやや長期的な戦略を持つ人々が、「金欲」という共通の土台に支えられながら市場には混在している。時間的にどのようなスパンで考えるかで、予測で勘案すべき要素も大きく変わる。デイトレーダーであれば、会社の業績や世界経済の大きな動きというよりは、対象銘柄の時々刻々と変化する株価の動き自身が重要になる。一方、中期や長期になれば、会社の業績や景気の動向なども勘案しなければならない。

どのような投資姿勢を取るにしても、いわゆる値動きのチャートというのは大いに気になる。今が上昇基調なのか、下降基調にあるのかなど、トレンドを予測するということは、次の一手を決める時に外せない。しかし、このトレンドの予測というのはなかなか難しいし、実は確率の数学の興味深い問題につながっているので、これを紹介しよう。

例えば、次の時間とともに変化する値Ｓの時間変化の３つのチャート【図３－５】を見てほしい。これを見れば、上段は上昇トレンドで、下段は下降トレンド、だが、中段はトレンドがないという印象を受けるだろう。しかし、実はこの3つの図は、どれも各時刻で「プラス1」上昇する確率と「マイナス1」下降する確率が等しい場合で、それをコンピュータで計算した結果なのである。具体的には、ある値（図の場合はゼロ）から始めて、偏りのないコインを投げて表が出たら「プラス1」、裏が出たら「マイナス1」、ということを繰り返せば（図では1万回）、これらの図ができる。確率論ではこれをバイアスのないランダムウォークという。

さらに面白いのが、実は、この確率的に偏りのない動きの積み重ねの結果は、トレンドがあるように見える状況が起きることが多いのである。先の1万回の繰り返しのセットを、これも多数繰り返す。つまり前掲と同様のグラフを多数描いて、どのような図が多く現れるかを調べるのである。これは計算機実験などで行うことができる。すると、上昇や下降のトレンドを持つように見える図が、中段のようなトレンドがない場合よりも多く現れるのである。つまり、驚くべきことに、個々の動きにバイアスがないので積み重ねればトレンドがない中段のチャートのほうが現れやすいという「常識的」な感覚は通用しないのである。

この性質は「逆正弦定理」という厳（いかめ）しい名前のついた確率論の定理と結びついている。委細は別の拙著で述べたので繰り返さないが、基礎的な確率論の定理の中で、最も意外性があり面白い定理だと感じている。興味を持たれた読者はぜひ確率の入門書などでも調べてみてほしい。

近年は金融機関に就職する数学科の学生も多いので、ゼミの学生には、「これがトレンドだ」と主張する上司がいたら「逆正弦定理はご存じか」と聞いてみろと話す。もちろん「言い方や上司によって、ポイントアップになるか左遷されるかは予測の範囲外だが」と付け加えて。

やや脱線ついでに、筆者の不動産売買での経験談でこの節をまとめたい。ある中古マンションを購入した時の話である。ご存知の読者もいるかと思うが、取引の最後では、売り主と買い主と銀行員などが同席して、鍵の引き渡しと物件の代金の振込を行う。この時の売り主は、空間デザイナーの方で、当該物件は事務所も兼ねていたようだ。バブル当時は相当に羽振りがよかったの

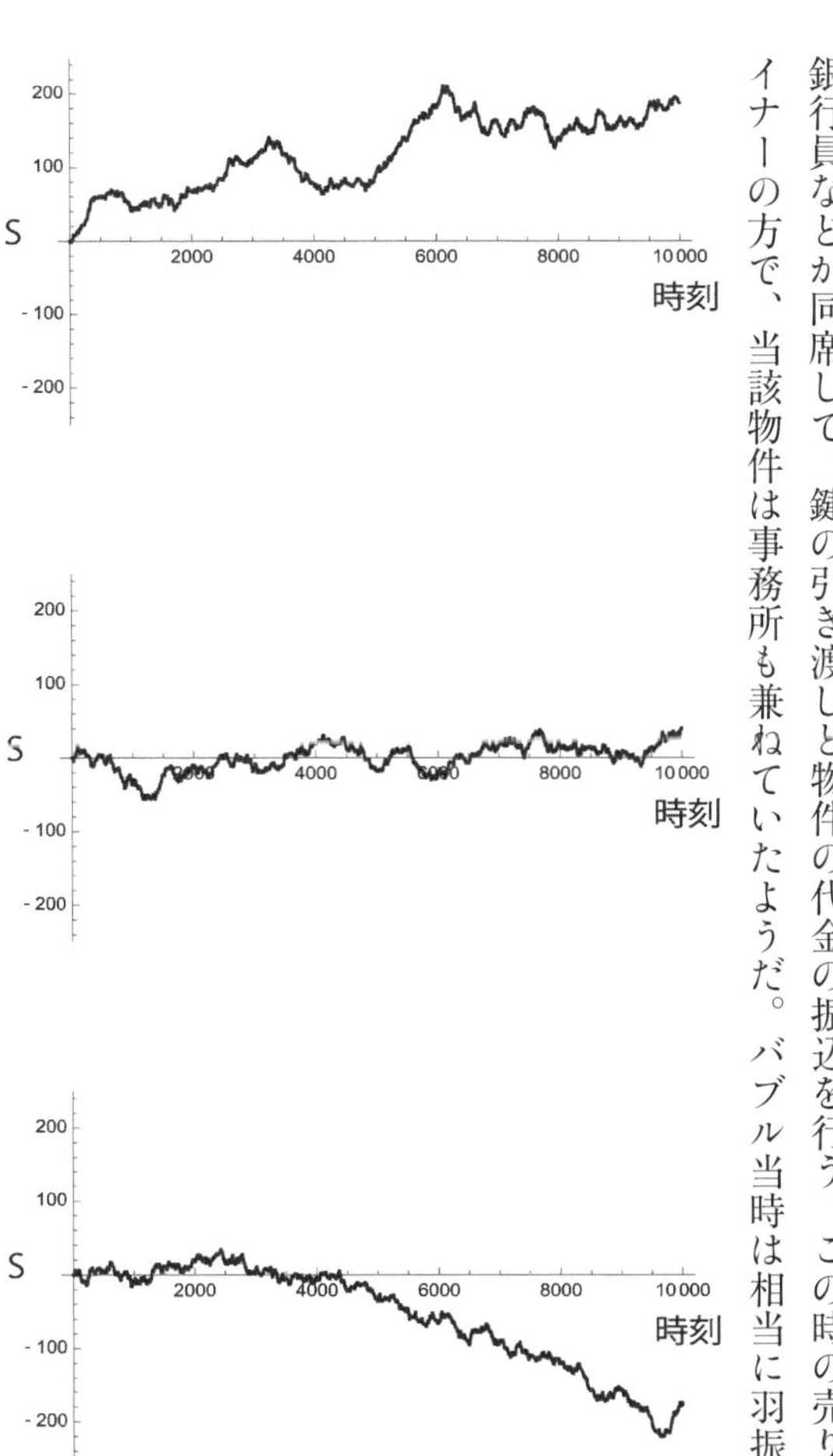

【図3－5】時刻とともに変化するランダムウォークの位置Sの値のチャートの例

だろう、着ている服などもかなり高級で、筆者とは比べ物にならなかった。ただ、その横に数名の人が同席している。話が進んで驚いたのが、本来はその売り主の口座に筆者の口座から代金が振り込まれるのだが、その段になったら、その傍らにいた方々がこちらの口座に直接とそれぞれ言い出した。彼らは東京都の職員も含む債権者たちで、取り立てに来ていたのだ。結局、筆者は鍵を無事いただいたが、売り主の方には文字通り一銭も渡らなかった。

おそらく、この売り主が羽振りのよかった頃には銀行も周囲もどんどんローンを勧めたりしていたに違いない。世の中は恐ろしいところだとつくづく思い知らされた。筆者も個人レベルではいくつかのミニバブル崩壊を経験したが、２０２０年の新型コロナウイルスパンデミック（世界的流行）のように誰しも社会変化に巻き込まれればどうしようもない。学者は、トレンド予測などと現（うつつ）を抜かすことなく、定理の理解や証明に頭を悩ましている方が、やはり身の丈に合っているのだろう。

〈出会いの予測〉

東京の秋葉原は電気街として有名だが、筆者も時々出かける。親の仕事の関係で、子供の頃のかかりつけの病院が隣駅の御茶ノ水にあり、秋葉原駅で乗り換える時に、ちょっと降りておもちゃなどを買ってもらった。今はなきアキハバラデパートでは「デパート口」という駅直結の小さな改札口が３階にあって、駅員さんが座っているのを子供心に面白く思った。

カセットレコーダーなど電気製品を買う時も、この街を歩きながら価格を比較して時間を費やした。より安い店で買おうと思うのだが、もうこれ以上探してもより安くはならないだろうと、半分予測し半分疲れて決める。さて、このような時に、実は最初の店が一番安かったという経験を持つ読者もいるのではないかと思う。

このような問題も確率の世界では考えられている。別の設定では、人生何人かの恋人を持ったが、初恋の人が一番良かったという確率の問題と比喩付けられている（印象のせいも多分にあるだろうが）。数学の問題として考えるには、いつものようにいくつかの単純化や理想化をする。価格比較では、それぞれの店が他店と無関係に価格をつけているとして、N軒回ったあとでも最初の店がベストである確率を考える。恋人では、直前の恋人との別れ方などに影響されることなく、これも、個々独立に、絶対評価で「採点」して、N人出会ったあとでも初恋の人がベストである確率を見る。さらにこれらの価格や点が、同じにならないと仮定して計算をすると、結果この確率は1／Nである。5人との出会いのあとでは1／5、10人との出会いのあとでは1／10となる。

これを、例えば表裏が等確率で出るコインを投げて、N－1回、続けて裏が出る確率と比較する。つまり、出会うたびにコインを振って、裏を「ハズレ」として、それが最初の出会いのあとのN－1回続いてしまう確率と比較するのである。すると次のようになる（【図3－6】）。

Nが大きくなると、採点する前者の方が大きい。例えば、最初の恋人のあと9人と出会った場合では、前者の確率は0・1だが、後者は約0・002であり、ほぼ50倍違う。Nが大きくなると、この違いの倍率もどんどん大きくなる。つまり単に五分五分のアタリ、ハズレの場合よりも、何らかの基準でつけた得点の比較で初恋の人がよい確率の方が高いのである。別の言い方をすれば、記録更新はだいぶ起きにくいとも言える。確率の問題としてちょっと面白いのは、この結果は前述の仮定を満たせば、得点のつけ方の基準にはよらないということだ。筆者の同僚はこれを評して、「初恋は忘れ難い？」と確率の教科書に記している。

子供の頃のよい思い出というのも忘れ難いのかもしれない。秋葉原に行くと、笑顔の人が多いような気がしてホッとする。こちらもニコニコしながらブラブラしていても目立たない。電子部品であったりフィギュアであったり対象は違っても、それぞれが好きなものを見たり、触れたり、買ったりする場を提供してくれるからだろうか。近年はなぜか選挙戦の締めの演説の場としている政党もあるようだが、幸せな街の雰囲気は続いてほしい。

回数(N)	採点有	採点無
2	0.500	0.500
3	0.333	0.250
4	0.250	0.125
5	0.200	0.063
6	0.167	0.031
7	0.143	0.016
8	0.125	0.008
9	0.111	0.004
10	0.100	0.002

【図３－６】出会いの回数と最初（１回め）の恋人がベストである確率

確実であっても予測できない

普通の考え方や認識では、将来において、確実な事柄は予測できるし、不確実な事柄は必ずしも予測できないとなっている。逆に、必ず予測できることを確実であると呼び、そうでないものを不確実と呼ぶとも言える。数学や物理の世界でも、将来も含めて時間にともなう変化を記述する式を「決定論的方程式」と「確率微分方程式」などと区別して考えている。

しかし、さまざまな意味で、この確実と不確実の違いや境界は必ずしも明確ではない。まず、大きさのスケールによる境界である。ニュートンの決定論的な運動方程式は20世紀に入るまで、精密な観測による情報があれば、野球で投手が投げたボールから月の動きまで記述し、予測するにおいて、万能であると考えられていた。しかし、20世紀になって、相対性理論とあわせて登場した量子力学によって、ミクロな世界はどんなに詳細な知識を得たとしても根源的に粒子の位置や動きを含む状態には不確実性が存在し、特殊な確率の法則に従っていることが発見された。

例えば、最近、未来のコンピュータとしてニュースでも聞くようになってきた量子コンピュータは、このミクロな世界が特殊な確率法則に従って動いているということを活用している。これにより確実な論理の組み合わせを原理とする、現在一般に使われているコンピュータより、高速な計算ができるというものである。特に量子コンピュータと一般のコンピュータでは、情報の基本となる「ビット」の記述が異なる。一般のコンピュータではビットの状態は「0」か「1」のどちらかで確定しているが、量子コンピュータでは「0」と「1」の両方を重ね合わせた状態を使う。委細は割愛するが、ちょうど、一人で計算作業するのに比べて、量子コンピュータでは分身の術を使って計算するようなイメージであり、これがより効率的な計算につながるというシナリオとなっている。

しかし、この量子力学が適用されるミクロの世界はどれだけの小ささなのだろうか。

現代の物理学の最先端の研究は、このミクロの世界との境界に挑んでいる。量子力学は個々の原子の大きさレベルで、1億分の1センチ程度の世界を支配すると考えられていたが、近年では、その10倍のサイズ（1ナノメートル）のフラーレン（60個の炭素原子を組み合わせて作られるサッカーボール状の分子）でも量子力学による確率的な予測が正しいことが見つかっている。ナノテクノロジーという言葉も聞かれるが、現代技術はこの不確実な量子力学の世界との境界に近づいているのである。

このようにミクロな世界が不確実であれば、厳密にはそれらの集積であるマクロな世界についても確実な予測などは不可能ではないかと言われれば、科学的にはそうかもしれない。どんなにがんばっても実験などには誤差が必ずついてまわる。しかし、我々はそのような中から、数学という言語を使いながら、理想的な美しい物理理論などを組み立ててきたのである。そして、それらは十分に現代社会に貢献している。確実さを持つ理想化はやはり重要なのである。

では、話をその理想化された確実な決定論的方程式に限ってみよう。このような数式の意味は、【図3－7】にあるように、ある数値を入力したら、それに応じた数を出力してくれる機械である。そして、再度その出力された数値を入力して、次の出力の値を記録していく。このような機械は今の状態が次の状態を決定し、そしてさらにその次の状態が、次の次の状態を決めていくという、マクロな世界を記述する物理法則を非常に簡略化したものとも言えよう。

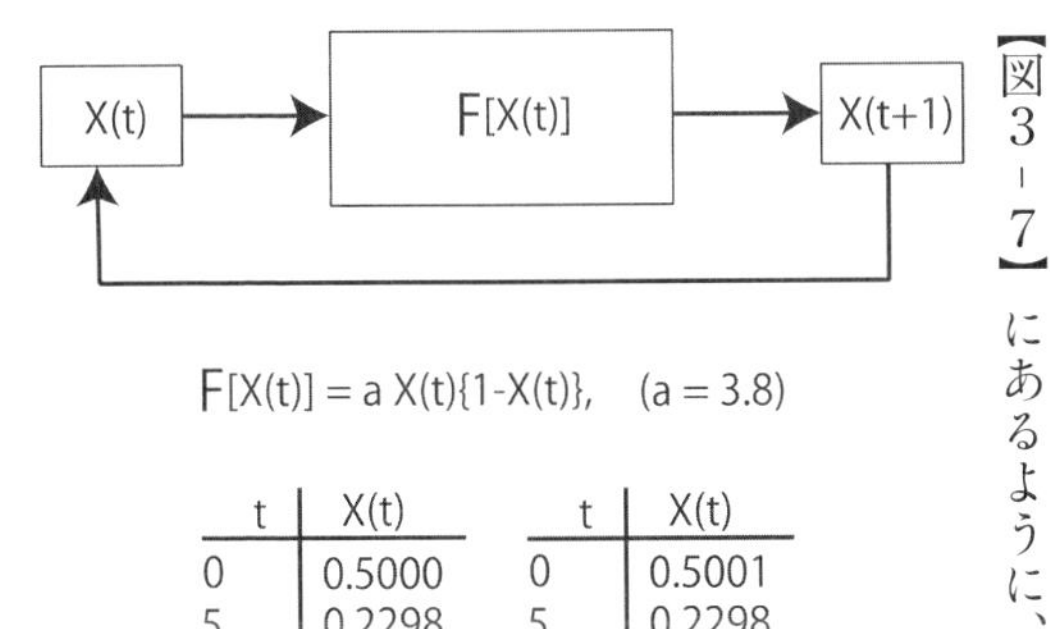

t	X(t)
0	0.5000
5	0.2298
10	0.1851
50	0.5371
100	0.6562
500	0.6259
1000	0.8305
5000	0.2923

t	X(t)
0	0.5001
5	0.2298
10	0.1851
50	0.6305
100	0.8959
500	0.1963
1000	0.9357
5000	0.8265

【図３－７】決定論的方程式の概念図とカオスの例

さて、この機械にある数値を入れてスタートし、その後の繰り返しの値を記録していくとする。ある程度繰り返したらこれをとめて、リセットし、また初めと同じ数字を入れてスタートし繰り返す。確実な機械であるので、まったく同じ数字の列を次々と出力するはずであり、次にどの数字が出るかを前回の記録に基づいて正確に予測することができる。

次に、前回とまったく同じ数字ではなく、ほんの少し、例えば0・5の代わりに0・5001をスタート時に入力して繰り返したらどうなるだろうか。違った数字が出てくるだろうが、小さな誤差なので前回と同じような数字が出てくるだろうと予測してよいだろうか。

これはこの機械がどのような計算をするかによる。実は単純であっても、やや特別な計算をする装置であると、微小な誤差がどんどん拡大してしまい、前回の記録からの予測がまったく役に立たない状況が生まれる。図にはこの一例である「ロジスティック写像力学」と呼ばれる場合での結果を示した。ここにあるように、スタートは元の値の5000分の1という小さな誤差であったのだが、50回を過ぎたあたりから、違いが大きくなっていく状況が現れている。このような特徴を持つロジスティック写像力学システムは「カオス的」と呼ばれる力学系の代表である。

あくまでもイメージだが、日常生活になぞらえれば、電車などを複数回乗り継いで目的地に向かうまでの時間を考えてもらうとよい。乗りたい最初の電車にちょうどタッチ数秒の差で乗り損ねてしまった。そのあとの乗り継ぎとの関係によっては、この数秒の差が目的地につく時間に、数分程度の影響しか与えない状況から、数十分以上の差になってしまうという経験は誰にでもあるだろう。この最初の小さな差が、非常に大きくなってしまう場合が「カオス的」なシステムの状況である。

数理科学の世界では、このカオスという現象は19世紀からその存在が指摘され、アンリ・ポアンカレなど高名な数学者や物理学者たちが取り組んできた。その代表例のひとつとして、気象の予測のところで取り上げた気象学者のエドワード・ローレンツが1961年に提案した、天気予報の数式モデルがカオス的な振る舞いを示すことが知られている（「深く知ろう②」【図1－8】、53頁）。ローレンツは「予測可能性：ブラジルでの蝶の一回のはばたきが、テキサスで竜巻を起こすか？」という講演を行っており、これがカオスにおいて微小な変化が大きな影響を及ぼすとする「バタフライ効果」という象徴的な標語となっている。

このようなカオス的な状況においては、予測は成り立つのだろうか？　もし、過去に起きたことと厳密に同じ初期条件が与えられれば、可能である。しかし現実には、そのようなことがあり得るのは文字通り数式の上だけのことである。幸い、我々の接する森羅万象のすべてがカオス的であるわけではない。もしくは多くの場合、カオスが見えるほどの時間、接することはない。長い時間がたてば、太陽の周りを回る地球の軌道もずれていくが、しかし日はまた昇る。「あの時、ああしておけば」とは時折、誰もが抱く後悔であろう。しかし、そうしておれば別の大きな不幸があったかもしれないのだ。物理や数学の世界だけではなく、予測可能と不可能のはざまで、我々もまた生きているのではないだろうか。

予測のしにくさを活用した暗号

パールハーバー空襲から始まる太平洋戦争の初期において、日本海軍は無敵と思われるほどの連戦連勝をあげていた。しかし、この状況が一転し敗戦への道をたどり始めたきっかけと言われるのが、ご存知のようにミッドウェー海戦である。この海戦の詳細や分析はいろいろとなされているようであるが、基本的には、アメリカが待ち伏せ作戦を行い、より劣る軍事力と物量でありながら、日本海軍の空母艦隊を撃滅した。そして、この待ち伏せを可能にしたのがアメリカによる日本軍の暗号解読などの情報分析であったということも知られている。

筆者もシカゴ大学のある数学の講義で教育助手をした折に、担当の教授から日本の暗号は彼の恩師が解読していたという話を聞かされた。伝聞でもあり、誇張もあるかも知れないが、ミッドウェー海戦の前から終戦にむけて、日本の動きは米国の暗号解読と情報分析によってかなりわかっていたということは疑いないようである。

暗号の安全性は予測が容易にできないことと結びついている。古くから一般に知られている暗号化の方法は、発信者は平文（普通の文章のこと）をあるルールによって暗号化して送信し、受信者もそのルールの知識を共有していて、その情報から暗号文を平文に解読するというものである。

このルールを「鍵」と呼び、それを発信者と受信者で共有していることから、このような原型的な暗号を「共通鍵暗号」という。鍵としてはさまざまなものが考えられるが、鍵が予測されにくいものが、より強固な暗号である。例えば、「きえやごなじんさごご」という暗号文は、ただ単に「午後三時名古屋駅」を「ひらがなにして逆から読む」という暗号鍵を使ったものだが、これは暗号鍵を共有していない第三者にも簡単に予測されてしまうだろう。

「ぐぐけわごてぐめいお」は同じ「午後三時……」の内容を、「あいうえおかきくけこ……」のひらがな表で、2つ前のひらがなに置き換えるという鍵で作った暗号文である。これは文字をずらすのでシフト暗号と呼ばれ、同様の手法はローマ帝国時代から使われていたようで、シーザー暗号とも呼ばれる古典的な暗号だ。これも鍵の推測は難しくはなく、今日では脆弱な暗号とされている。より強力な共通鍵暗号の開発と解読の競争は継続的に進んでいて、数学の貢献も大きい。

しかし、この共通鍵暗号においては、事前に鍵を共有しておく必要がある。これを安全に行わなければならない。またそのために通信する相手も暗号文を送る前には決めている必要がある。

つまり、不特定多数の人や見知らぬ人と暗号通信をするのには向かない。普通は暗号でやり取りしたい相手は決まっているから、問題ないと感じられるかもしれないが、電話やインターネットを通じた取引では、できれば個人情報やクレジットカード情報を暗号化したい。企業側も一般消費者を相手にできるだけ商売を広げたければ、不特定多数と安全に取引ができることは重要である。そして、実際にネット社会に生きる我々の生活はそのような状況に囲まれている。2019年7月に起きた、コンビニ最大手セブン‐イレブンのキャッシュレス決済「セブンペイ」の詐欺事件は、まだ記憶に新しい。ここでは、のちに述べる「本人認証」の確認が緩く、第三者による「なりすまし」を許したことが原因で、結果としてサービスの停止にまで追い込まれた。個人消費者にとっても、ビジネス組織にとっても、ネット時代における情報の安全性は非常に重要である。

実は、このような状況に対応するためのまったく新たな暗号方式が1960年代頃より模索され、1976年に論文として発表された。この暗号方式では、平文を暗号化するために使う鍵と暗号文を解読（復号化）するために使う鍵を分け、驚くべきことにそのうち1つの鍵を一般に公開するというもので、公開鍵暗号と呼ばれる。概要については補足（次頁）で述べるが、通信のために必要なので、2つに分けられた鍵には関係がある。しかし、公開された鍵や情報からは、もう一方の鍵の予測が非常に困難であるという性質を基本に使っている。この暗号システムでは鍵の1つを公開することで生じる危険性をできるだけ小さくしながら、前述のネット上の取引のように不特定多数と暗号文のやり取りができ、利便性を高めているのである。

76年の論文ではこの枠組みが提案されたが、公開される鍵としない鍵の間に関係性がありながらも、予測が非常に困難という条件を満たす必要があり、具体的な実現は難しいのではないかとも思われた。しかし、翌77年に数学科出身の3人の計算機科学者、ロナルド・リベスト、アディ・シャミア、レオナルド・エーデルマンによって、実現が可能になった。彼らが着目したのは、2つの大きな素数をかけ合わせて作られた整数（合成数）から、その2つの素数を予想することが非常に困難だという性質である。

小さな合成数、例えば33であれば、これは簡単な素因数分解で2つの素数、この場合は3と11を求めることができる。しかし、非常に大きな合成数となると、2つの素数を見出すのが、スーパーコンピュータを使っても難しいのである。この具体化された公開鍵暗号は、3名の開発者の頭文字をとって、RSA暗号と呼ばれ、企業化も行われ、特にインターネット上での取引のためには欠かせない存在となった。

戦時などでの活用は、文字通り暗い話であるが、我々のプライバシーを守るためにも使われているのが暗号である。予測ができないということも暗い側面ばかりではないのかも知れない。

[深く知ろう⑤] 公開鍵暗号についての補足

予測がしにくいということを活用する暗号についてこれまで述べたが、ここでは公開鍵暗号について、もう少し概観を述べておこうと思う。

一般に、暗号表などの暗号方式を送信者と受信者で事前に共有しておく共通鍵暗号はわかりやすいかと思う。一方、公開鍵暗号はやや入り組んでいるが、その分この暗号の設計にはいくつか美しい発想がなされている。この発想は次の3点で支えられている。

1. 暗号に関する鍵を1つではなく、2つに分けた(鍵A、鍵Bとする)。
2. 鍵Aで暗号化したら、鍵Bでしか復号化できない。また、逆に鍵Bで暗号化したら、鍵Aでしか復号化できない。

3. 鍵AとBは、一方から他方を予測することが不可能か、非常に困難である。

これらの条件を満たす鍵A、Bを用意して、そして、その内の1つを、なんと公開するのである。今まで秘密にするものと考えられてきた鍵を公開するというのは、驚くべき逆転の発想だ。

この設計に基づいて、公開鍵暗号は不特定多数との暗号通信や、「なりすまし」を防ぐための認証に使うことができる。

まず暗号通信については、次のようになる(【図3-8】)。あるネット商店が不特定多数の顧客と取引をしたいが、その際に住所氏名やクレジットカード番号などを暗号化して受け取りたい。ここでこの商店は、自身のためだけに作られた鍵のセットを準備して、鍵Aを公開し、誰にでも見えるようにする。一方、鍵Bは自身で秘匿しておく。

この商店と取引をしたい人は、手元のパソコンで自分の情報を公開されている鍵Aで暗号化した上で、インターネットを介して送信する。受け取った商店は、秘匿している鍵Bで、この情報を復号化できる。

すでに述べた鍵のセットの性質から、インターネットで暗号文が傍受されたとしても、鍵Bを持たなければ復号ができない。そして、公開されている鍵Aからは、この鍵Bを予測することが非常に難しいのである。よって情報は取引者の間だけに伝わる。

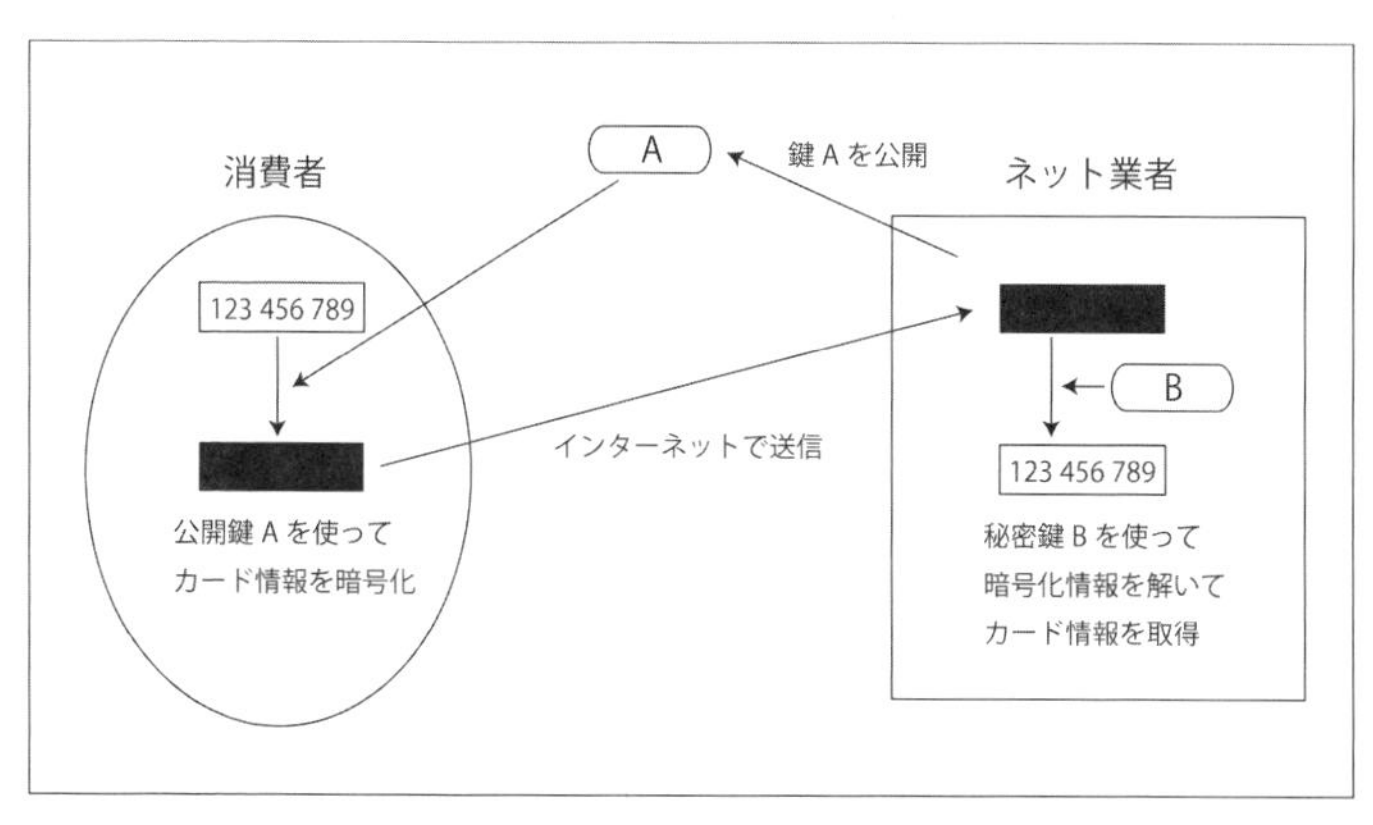

【図３－８】公開鍵暗号システムと活用の概念図

一方の認証については、このシステムをいわば逆向きに使う。例えばあるネット商店が、確かに自分がその商店であり、情報を受け取ったので、商品を発送するという通知を送り返すとする。すると今度は、商店は送りたい情報を、秘匿している鍵Ｂを使って暗号化して、ネットで送信するのである。

こうすると、受け取った側は、公開されている鍵Ａを使って復号化し、確かにこの商店からの文書であると確認できる。もし仮に、誰かが商店になりすましたとしても、鍵Ｂを保持していなければ、なりすましの発信する文書は鍵Ａを使って復号できない。つまり、鍵Ｂを確かに持っているということを認証として用いるのである。ここでも公開されている鍵Ａからは、鍵Ｂを複製することは難しいという性質が効いていることに留意されたい。

これらがシステム全体の基本的な骨子であるが、それを実現できるような鍵のセットが、具体的に作れるかというと話は別である。実際には、すでに述べたが、１９

60年代の枠組みの発案からさらに10年以上過ぎ、論文化を経て、素数の性質を用いたRSA暗号が開発され、現在の我々がインターネット上で安全に情報をやり取りできることを支えている。基本的な部分は、言われてみればシンプルであるが、人類が共通鍵暗号を2000年近くも使ってきたあとに、やっとこの革新的な発想の転換と飛躍が生まれたことは特記に値すると感じている。

暗証番号の予測

最近はテレビの宣伝でも「デビットカード」という、支払い用カードの宣伝をしている。このカードにはほとんどの場合クレジット機能もついているが、使用すると連携する銀行口座から即時に代金が引き落とされる。ちょうど銀行のATMだけでなく店頭でも使えるキャッシュカードの印象である。口座の残高までしか使えないので、ある意味では安全でもある。

筆者は海外に10年ほど滞在したことがあり、また仕事柄、海外出張も多くあるので、アメリカの銀行の口座と連携したデビットカードを使っている。ATMを探さなくても、スーパーで買い物した時に、指定すると同時に現金も下ろせるので、なにかと重宝している。

ある時、このカードを使って、アメリカの友人が行うチャリティイベントに少額の寄附をインターネットを通じて行おうとしたら使えない。残高不足のはずはないが、口座を確認すると、自分の知らない買い物がアメリカの行ったこともない街でされている。「やられたかな」と思い問い合わせると、幸い、銀行も怪しいと気がついたのか、2回の買い物のあとにカードに安全ロックをかけて使用できないようにしてくれたのだという。また、被害額相当もカードに付随する保険で後日戻ってきて事なきを得た。

しかし、今はここまでできるのかと驚いたのだが、本件では、筆者のICチップ入りのカードを物理的に偽造して、店頭で使い、その際に必要になる暗証番号も入力していたというのである。カードは手元で日本にあるし、カード番号は、どこか過去に使った店のシステムから盗み出されたとも考えられるが、特に暗証番号がどのように推測されたのかは今もって不明である。

前段が長くなったが、キャッシュカードなどの暗証番号は大体4桁となっているようである。では、仮に同じ数字を使わないとした時の約5000通りの組み合わせのある4桁の数字から正しい1つを予測するのはどれくらい難しいのであろうか。実は、こうした推測をするような数理ゲームがいくつか作られている。

その中のひとつは、「ムー」(MOO)と名付けられている(【図3-9】)。ゲームの内容は以下である。対戦する2人はそれぞれ、0から9の10個の数字から4つを重複なく選んで、自分の4桁の数字を1つ決めるが、相手には知らせない。この数字は0382のように0が先頭にきても

正解：2570

回数	質問予想	回答(B, C)
1	1234	(0, 1)
2	4567	(1, 1)
3	5387	(0, 2)
4	6593	(1, 0)
5	7520	(2, 2)
6	2570	(4, 0)

【図３－９】数当てゲーム、MOO における予測過程の例

良いとする。すべての組み合わせの場合の数は５０４０通りであるので、その中から１つの数を予測することになる。お互いに相手の数字を予想するために、４桁の数字を挙げて質問する。質問を受けた方は、質問者の数字の中で、数字は合っているが、桁の違うところにある数字の数Ｃと、数字も桁も合っている数字の数Ｂを答える。この情報をもとに質問者は次の質問に提示する4桁の数字を決め、これを繰り返す。ひとつの例を図に示した。質問は2人のプレーヤーで交互に行ってもよいが、相手の数字を正しく得たところで、それぞれ質問した回数を数えて、より少ない質問数のプレーヤーをゲームの勝者とするのである。図の例では２５７０が正解であるが、そこにたどり着くまでの質問回数は、なんとたったの6回であった。

　このゲームはコンピュータプログラムの演習問題などとしても扱われたり、コンピュータ同士の対戦なども行われていたりする。どのような4桁の数の質問を、どのような順番で行うと最適であるのかという研究もされていて、最適な戦略を用いると平均約5~6回で正解に達するとい

う。実際に筆者の大学のゼミで学生たちにこのゲームを試してもらったら、最適な戦略が何であるかの知識はなかったが、大体7～8回で正解にたどり着けた。意外と少ないという印象を受けたがいかがだろうか。

ここで、相手の数字の予測ではなく、逆に相手がある数字を知っているかどうかを確認するということを考えてみよう。数理科学や情報の世界ではこれも「認証」というが、対話や取引の相手が期待した本人であることの確認であったり、インターネット上での「なりすまし」を防ぐために重要なプロセスである。キャッシュカードの暗証番号とならんで、身近な認証方法は、コンピュータに入れるパスワードで、これによって、コンピュータは我々の身元の確認を行うのである。

昔の時代劇等で、門前にて味方同士かを確認するために「山」と言ったら「川」と応えたりするのも、認証のひとつである。また、文字を書いた木片を2つに割って作った勘合札を双方で持ち合い、取引の際に、ぴったりと重なるかを確認したという方法も認証であり、室町時代の日明貿易でも似た方法が活用された。

このような認証では、当然、自身の隠し持っているパスワードなどを相手に伝える必要がある。しかし、数当てゲームのような対話型の手法によって、パスワード自体を明示しなくても、認証ができるような手法が開発・研究されている。これはゼロ知識証明と言われる。

秘匿している知識やパスワードを公開しない、また知り得ないという意味でゼロ知識であり、しかし、その知識を持っているということを対話によって証明する手法である。ちょうど「何も言わなくても、相手の思いはわかる」というような感じである。しかし、そのような以心伝心やテレパシーのようなことができるのだろうか。実は厳密には、やはりできない。しかし、一般の生活や交渉においても、対話を繰り返すことで、相手のことが徐々にわかってくるように、要求された知識を持っているか否かの判断の確率精度を上げていくことができるのである。

このゼロ知識証明の仕組みを簡明に説明することは難しい。骨格としては、公開されている情報からは、秘匿されている知識が推測しにくいが、その知識があれば逆に解きやすい問題を活用するという点と、対話によって秘匿情報が漏れるのを防ぐために確率乱数を使う点が重要である。この2つを組み合わせて、知識やパスワードを知らなければ正解できない間接的な対話を行うのである。こうした手法は1985年に体系化され、研究が進んでいて、素数の性質などを用いた具体例も作られている。対話型なので手間がかかると考えられているが、使いやすいシステムが登場すれば、パスワード自体を伝えない、より安全な認証方式が普及する可能性がある。

日本にいる筆者が、アメリカで偽造カードを用いてなりすまされた事例をあげたが、文字通り国境も関係がなかった。さらに「なりすまし」で大きな社会問題になっているのは、「オレオレ詐欺」である。これは主に電話を通じてのなりすましであるが、近年では複数のなりすました登場人物を組み合わせた「劇場型」など巧妙化している。オレオレ詐欺など特殊詐欺の被害額も日本全国で300億円を超える。また、すでに我々の生活ではネットショッピングなどで、相手の実態がわからないまま買い物や取引がなされていて、現実と仮想の世界の混在が進み、さらにどんどん加速することが予測される。社会問題の解決のためにも、安心できる取引のためにも、手軽でありながら、より安全な認証の技術開発も、重要度が増すと思われる。

機械学習について

人工知能（AI）や機械学習という言葉が、一般社会においても聞かれるようになった。車の運転のように、今まで人間にしかできないと思われていた作業や活動が、機械にもできるようになるのではないかという期待と、それによって職が失われるのではないかという不安が入り交じって論じられている。機械学習と言っても幅が広い。データから効率的に判断することを目指すエキスパートシステム、いくつかの推定候補を組み合わせる（交配する）ことを繰り返して、よりよい結果を得ることを目指す遺伝的アルゴリズム、人間の神経回路をモデルにして、学習訓練によって、未知の課題にも対応しようとするニューラルネットワークモデルなどがある。筆者の博士論文研究は最後のニューラルネットワークであった。応用の側面ではなく、数理的な考察を行う内容であったが、ここでは代表的な例について学習の側面を解説しよう。

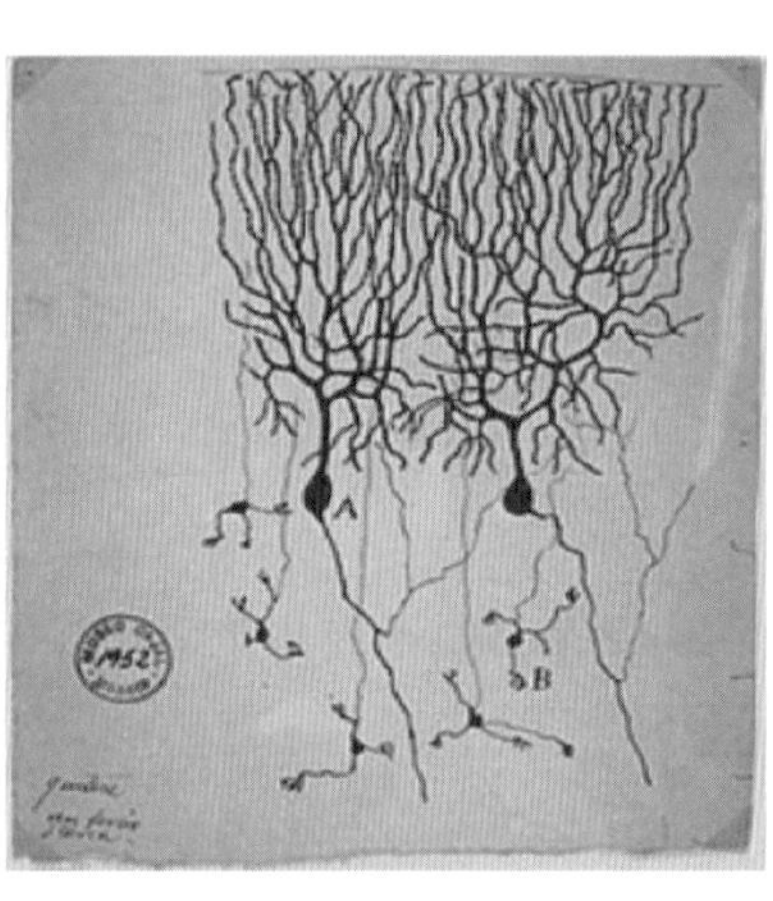

【図3－10】脳科学者ラモン・イ・カハルによる1899年の神経細胞と回路のスケッチ（ウィキペディアより）

神経回路は、神経細胞（ニューロン）と呼ばれる細胞がお互いに刺激を与えるようにつながっていることで、構成されている（【図3－10】）。個々の神経細胞はこれらの刺激を受け集めて、それがある程度集まると「発火」状態となり、他の細胞に刺激を送るようになる。この発火の状態は短く、その後は「鎮静」状態となり、また刺激を集め始めて次の発火に備える。【図3－11】に、簡単な概念図を示した。上は電気パルスの概略図で、下はパルス列の様相である。現実には化学的な反応から電気パルス刺激に変換されるなど機構は複雑であるが、集団としては結合されている神経細胞が相互に刺激を与えあっている。この活動が我々の意識、思考や記憶などの能力となっているのだが、物理的な現象をそのレベルにつなげるのは非常に困難でもあり、魅力的な科学的課題である。古典的には哲学の重要な問いでもあり、現在にいたるまで多くの思索、実験がなされてきたが、解明には至っていない。

しかし、機械学習などに関しては、そのような物理的な機構に学ぶことで進展している。基礎となっているひとつの大きな仮説は、学習などによって刺激を与える強さが変化するというものだ。これは【図３－10】で言えば、細胞間で刺激を伝える効率が変わるということであり、この仮説を取り入れたいろいろなアルゴリズムが開発されている。その例として、機械学習によく用いられる【図３－12】のような形状のネットワークの学習について概説しよう。

このような形状のネットワークは階層型ニューラルネットと呼ばれる。一番下の層が入力層、一番上が出力層と呼ばれ、その中間にあるのが中間層である。ここでは例として下から3-2-1と4-2-3-2の形状を示したが、階層の数も、それぞれに入るニューロンの数も、また結合の太さも自由に設計できる。

組織になぞらえやすいので、3-2-1の例を用いて単純な予測のケースを考えてみよ

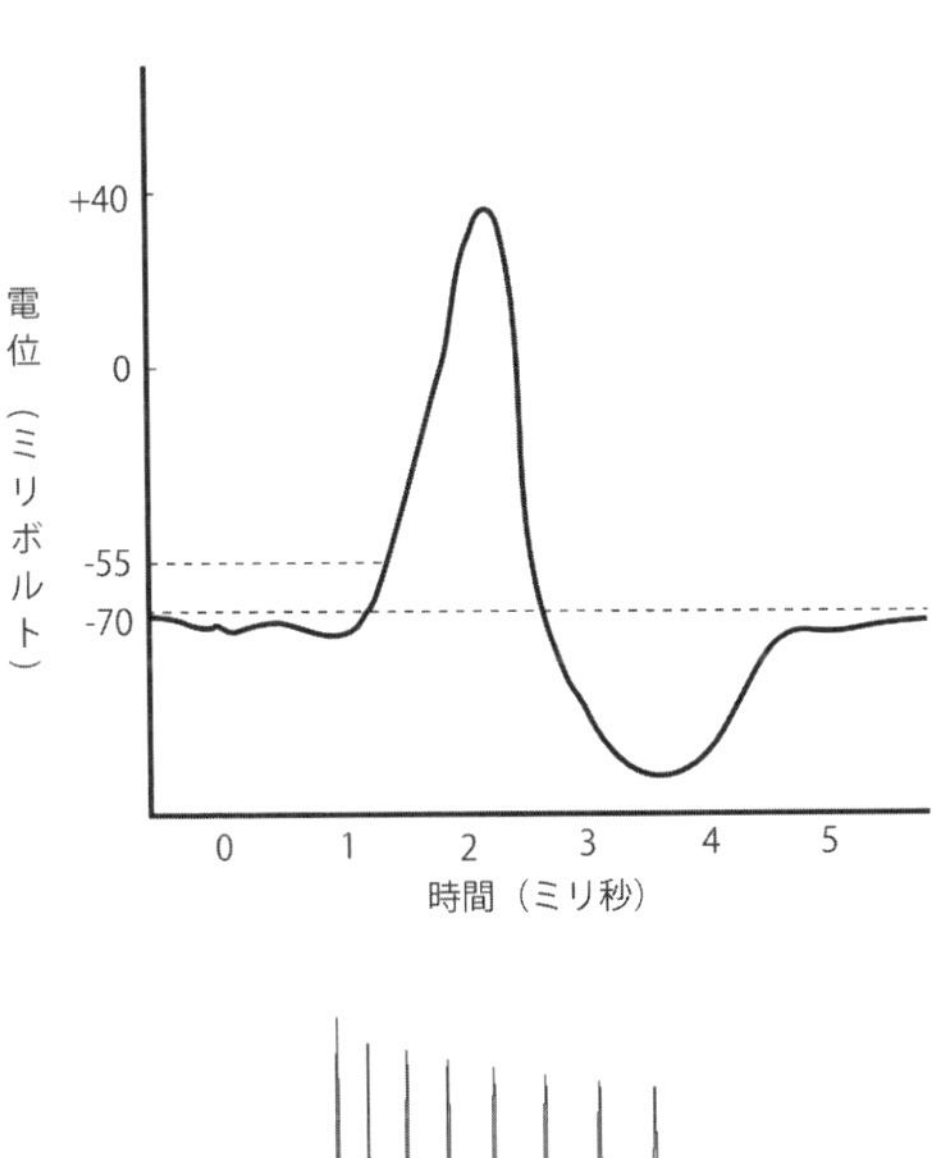

【図３－11】神経細胞の電気パルスの概略図と電気刺激によるパルス列の発生の様相（下：ウィキペディアより転載）

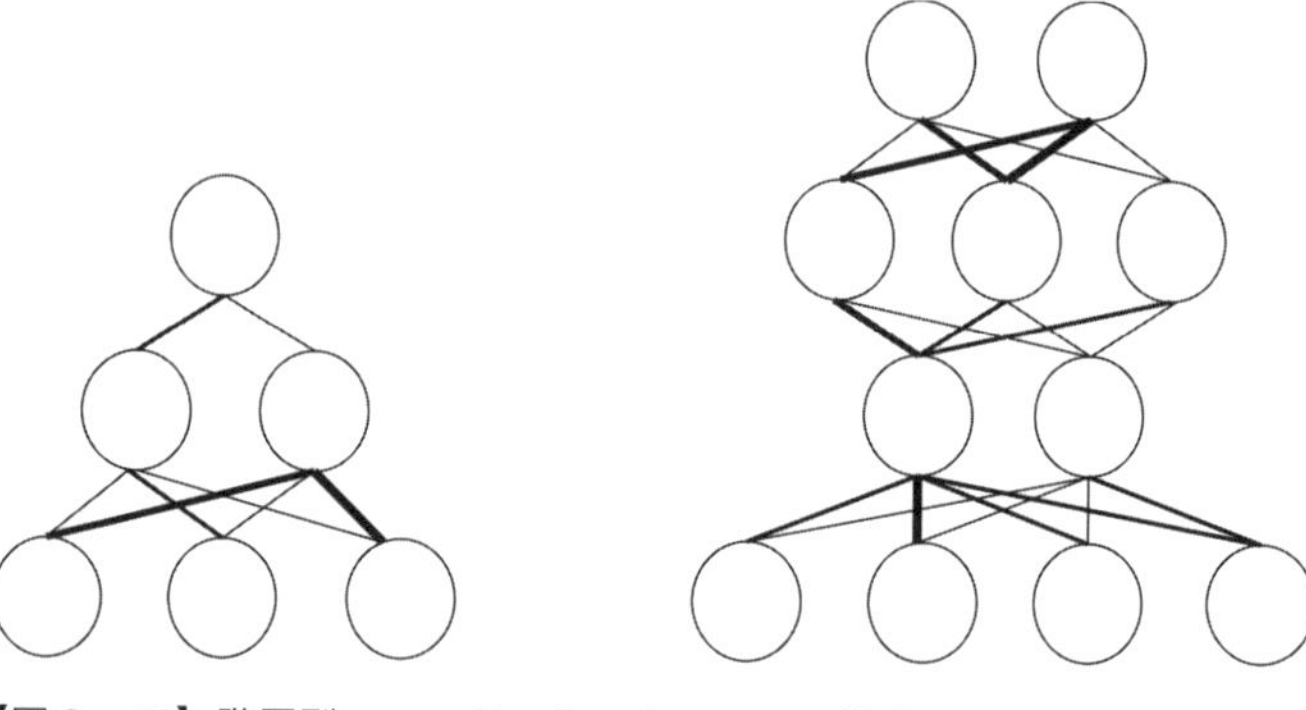

【図３－12】階層型ニューラルネットワークの模式図

う。ちょうどひとつの課に課長1人、係長2人と3人の共有された部下がいるような感じである。この課の役割は、過去のデータから明日のドル円相場を予測することとしよう。3人の部下は、過去の取引価格、取引量や政治状況等、為替相場に影響を与えるような異なった側面をそれぞれ担当する。これらを分析した結果を、それぞれ2人の係長に報告する。彼らも独自の観点から、この報告を分析して、課長に報告し、彼が翌日のドル円相場のレンジの予想を出すとしよう。そして、それぞれの日において現実の結果と、この予測を比べる。予測と現実が大きくずれたとしたら、予測に至った過程を修正する。

その方法はいくつもあるだろうが、ひとつの方法としては、係長レベルにおいても、課長レベルにおいても、部下からの報告や分析にそれぞれどれだけ重みをかけて聞いて、判断するかという「重み付け」の調整だ。これは、刺激の度合いを表す線の太さを調整することと考える。実際にどのように調整するかというアルゴリズムを人間組織で考えることは難しいが、ニューラルネットの数理モデルでは、それを設計することができる。この予想と現実の誤差（ズレ）の大きさから、それぞれの階層での結合の強さを、情報の入った向きと逆方向の流れで計算して変えるという手法は「誤差逆伝搬法（バックプロパゲーション法）」と呼ばれる。このように、ネットワークとして、予測と現実結果の誤差に基づいて繰り返し修正を行い、その過程を学習と呼ぶのが、機械学習の代表的な機構である。

その代表例の階層型ニューラルネット自体も、さまざまな種類が研究されている。最近の人工知能や機械学習の火付け役となった、深層学習（ディープ・ラーニング）は、この階層性をより高めて「深い」階層を持つように拡張したものである。応用も予測だけでなく、画像、音声の認識やデータの分類など幅広い。深層学習は階層の数を多くすることで、特に画像認識において、その性能が大きく向上したことで脚光を浴びている。

研究にも、流行り廃りがあり、人工知能や機械学習の分野も何回かそのサイクルを繰り返している。このサイクルの流れを予測することもまた難しい。近年は一般社会でも大きく取り上げられるようになったが、前述したような「物理」と「意識」の関係など、基礎的な部分についても今後が楽しみな研究分野である。

次の一手を予測する

近年、将棋は藤井聡太棋聖の公式戦最多連勝記録の達成や最年少タイトル獲得などの活躍や、羽生善治九段が永世七冠を達成して国民栄誉賞を授与される等で大きく注目が集まっている。藤井棋聖は名古屋大学教育学部附属高校の生徒ということもあり、名古屋でも将棋関係の催しが活発に開かれている。

また、コンピュータとプロ棋士の対局が行われるのも社会の注目を集めている理由である。2017年には当時の佐藤天彦名人がコンピュータ将棋ソフトのポナンザに2連敗するなど、近年ではコンピュータとソフトの進化が人間を上回りつつある。大学入試問題を解かせる試みと並び、AIや人工知能の能力がここまで来たというひとつの道標として、波及効果は大きい。

勝利や、よりよい結果を求めて、複数の選択肢からひとつを選ぶということは、将棋の世界にとどまらず、我々が日常的に行っていることである。それぞれの選択肢について、それが結果にどのように結びつくかを予測し、評価する。将棋のように相手のある場合においては、相手の次の一手や出方を予測する必要がある。

では、将棋のプログラムは実際にどのように設計されているのだろうか。詳細について理解し説明するのは困難だが、ここでも前述の機械学習が使われている。プログラムの中で最も肝になるのは、盤面の評価ということになる。この評価を行うのに、評価関数という盤面から評価点を算出してくれる関数を設計する。数多い次の一手の候補の中で、最も高い評価点の出る盤面にいたる手を最適手として予測するのである。ここでは評価関数の設計が最も重要な課題となるが、さまざまなアプローチが可能であり、将棋プログラム開発者たちの努力が積み重ねられてきた。

2007年に当時の渡辺明竜王と対局したことで有名になったボナンザ（前述のポナンザより前に開発されていた）というプログラムでも、評価関数にどのような要素を繰り込んで設計するかがバージョンの更新によって変化している。主に考慮される要素は各駒の価値、玉と他の数個の駒の位置関係などである。さらにプロ棋士同士の対局棋譜をデータとして取り込み、機械学習を行った。これにより、強い棋士の指す手と同じ手を指すような評価関数を設計したのである。

07年の渡辺竜王との対局では渡辺竜王が勝ち、感想として当時のボナンザはプロ棋士一歩手前ぐらいの強さではないかと評価された。しかし、その後、将棋プログラムの改良や開発は進み、10年で名人を負かす状況となったのである。最近の将棋対局のネット放送の解説では、ほぼ必ずプログラムの最善手と実際の棋士の指す手の比較が行われるようになった。また、プロ棋士の話では、彼らも将棋プログラムに大きく影響を受けていて、最近は玉を一切動かさない居玉のままで、ぶつかりあいが始まるような状況も見受けられるようになった。

しかし、人間自身による予測や評価というのは、このようなコンピュータのアルゴリズムと同じように行われるのであろうか。必ずしもそうではなさそうである。筆者は将棋はあまり強くないが、長男に小学生の頃、手ほどきをした。あっという間に棋力では抜かれ、将棋会館に通ったり将棋ソフトやオンライン対局などで、高校の頃にはアマ五段になった。聞いてみると、棋力が上がるにつれて思考の方法が変わったのだという。ある程度のレベルに達するまでは、次の一手としてこれを打てば、次はこうなって、その次は、というようにいくつもある良さそうな可能性を順番に検討していって探索する、という思考法をするという。しかし、面白いのは、棋力があるレベルに達すると、まず次の一手が浮かぶようになるのだそうである。そして、思考の方法としては、この手で大丈夫か、まずいところはどこかということを逆に辿っていくことが多いらしい。

テレビでの対局解説などでも「手が勝手に動く」とするプロ棋士のコメントを聞いたことがあるし、身近なところにいるプロ棋士に聞いても同様の感覚になるらしい。このように最初に浮かぶことを「第一感」と呼んで、これも将棋解説などではよく使われる単語である。

第一感は、必ずしも論理や経験だけではなく、体調、対局相手、気分などその場面での状況に依存する。日常でも、勘が働くという言葉があるが、選択の判断をする時に論理的でないことはままある。

こうした「第一感」を組み込むような人工知能の研究もポーカーの対戦プログラムで開発事例があると聞いているが、まだまだ未開拓であるというのが、筆者の実感である。また、人工知能が人間を超えるという議論の中の、知能ということの範疇に、人間のこのような部分も含まれているかどうかも疑問である。将棋ソフトとの対局で人間が勝った時の事例として、棋士が通常は打たない手をあえて打った例を見たことがある。相手も自分と同じように合理的であるとして、次の一手を予測しても、まったくそうではないかもしれない。そのような状況にあるかどうかの判断や感覚も、また知能や知性の重要な一部であるように思うのだが、間違っているだろうか。

現代社会においてはどうしても合理性、論理性が強調され、そうでないとよろしくないという社会心理的な圧力があるようだが、選択の判断に至る過程よりも、選択の結果が事前の予測とどれだけ合っているかが重要に感じられる。そして実は予測も難しいことが多いので、「結果オーライ」を継ぎ接ぎしながら、何とかやっているのが、我々の日常であるようにも思う。人間にとって、厳しい仕事、やりたくない仕事をどんどんコンピュータに任せられて、一日の労働時間が数時間で生活水準を保つのに充分になったり、「ごめんね、判断間違ったけど、結果オーライだったね」と照れ笑いしてくれるようなシステムができたりすれば、それはそれで楽しい将来の予測である。しかし、コンプライアンス、ガバナンス、費用対効果、説明責任などなど、実は我々は自分たちに人工知能的になれと、どんどん追い込んでいるのではないか、というのが筆者の心配でもある。

筆者がアメリカに留学したのは1980年代の前半であった。留学の準備として東京で英語学校にも通ったが、大学でレポートを書くのに必要になるからと英文タイプの学校にも通った。ここではタイプライターのキーの上にどのように指を置くかや、音声で読み上げられたアルファベットを、繰り返し正確に押すような訓練を受けた。キーを見なくても文字が打てるようにすることの訓練は実際にだいぶ役に立った。ちょうどタイプライターからワープロ、パソコンに移る過渡期であったが、今でも、タイプライターを使うように、ついつパソコンのキーボードを強く叩いてしまうのは、この時の名残である。

アメリカでは、美しいリズムでタイプをする人も日常的に見かけたし、格好良かった。しかし、今やタイピストを養成するような学校はほとんど聞かない。流麗なタイピストにかわって敬服するのは、若い方々のケータイやスマホでの文字入力の速度と技術である。特別な訓練を受けたというわけでもないだろうが、ポケットから取り出すこともなく簡単なメールが打てるという話を聞いて驚き、完全に取り残された感覚を持った。逆に、若い人がパソコンを使わなくなったので、企業ではタイピングも含めてパソコン実習を新入社員に課しているというニュースは、時代が少し戻ったようでホッとする。

英文に比べれば、日本語の表記はローマ字まで入れれば4種類もあり、これらが混在するので非常に豊かだ。文章ではないが、絵文字やアスキーアート（テキスト文字で絵を作る）などを見ても感心することが多く、日本語・文字の表現能力の豊かさは世界でも最も高いレベルにあるのではないだろうか。

その豊かさ、複雑さゆえに、日本語の文章の入力は難しく、その方式もさまざまに開発されてきた。入力の際には、ローマ字で打ち込むか、ひらがなで打ち込むかの選択もあるし、その上で、かな漢字変換なども行わなくてはならない。

パソコンでの文書作成においては、この文字変換は連文節変換で行われるのが一般的である。これは文章を、例えば「あいちはさけがうまい」のように打ち込んだ後に変換操作を施すと、ワープロソフトやパソコンが文章をうまく「あいちは」「さけが」「うまい」のように文節に分解してくれて、それぞれに漢字変換の候補を出してくれる。さらに、このような単純な一文でも「愛知は酒が美味い」「愛知は鮭が旨い」「愛知はサケがうまい」などなど意味が変わってしまうものも含めて、いくつも選択の幅があるので、作者はこれらをうまく選んでいく必要がある。

一方で、ケータイやスマホにおける入力では、予測変換が使われている。これも馴染みの深い方法だろうが、一文字を入れただけで、単語や文節を予想して、文字変換も含めて候補を出してくれる。この予測変換で草分け的な入力システムを開発したのが、筆者の元同僚で、現在は慶応大学教授の増井俊之氏である。増井氏が1996年頃に開発したシステムはPOBoxと呼ばれていて、現在のスマホ・タブレットなどのモバイル環境のほとんどでは、このシステムの設計思想に基づいた類似の予測入力システムが使われている。

例えば、「お」と一文字入れただけで、「音」「親」「おもてなし」「オーライ」などの候補を予測してくれる。また過去にどのように使われたかを学習しているので、筆者の場合なら名前の「大平」という候補を最初に出してくれる。両手でキーボードを使えないモバイル環境では、非常に効率的である。また、一般に連文節変換より入力文字数が少なくてすむので、タイプミスにもより寛容である。さらに文脈の解釈や学習から、単語に限らず「てにをは」や、より長い文も予測してくれるので、数文字を適度に入れるだけで文章が作れるなど利便性は高い。今となっては同様のシステムはいくつか見受けられるが、増井氏はこの予測変換をパソコンの入力にも使えるシステムを開発している。

候補を予測する精度についても、さまざまに向上の工夫がなされている。入力文字からだけでなく、どのようなサイトやアプリで入力しているのかなどの環境情報も使われている。特に現在は辞書をクラウドに置くことができるので、複数の機器にまたがって過去の学習を共有しながら予測することもできる。こちらもすでに存在すると思うが、直接の文章データ以外の情報も使うことができるだろう。例えば、前述の例では、愛知は鮭の名産地ではないので、これは魚ではなく、飲む酒のほうであるだろうが、もし、愛知ではなくて岩手であれば鮭の可能性も高くなるだろう、などと類推できる。このように社会的な情報も我々は予測に用いるし、人工知能などにも組み込まれていくだろう。

増井氏はこのPOBoxをほぼ独力で開発した。アイディアだけでなく、携帯電話の中の少量のメモリーなどの制約の厳しい中で、実際に動くシステムを作り上げていくのは非常に高い工学的センスがいるのだなと、素人ながら同僚として感服させられた。自社製品に載せるにあたっても、上司の理解が得られずに、普通は部下が数人ついてチームで行っていくような作業を一人、電子部品がむき出しで並べられている開発ボードと格闘しながら積み重ねていた。

そして、このシステムが商品に組み込まれ、高い評価を得るようになると、上司たちは自慢げに、会社の上層部にアピールをするようになった。本人は「手のひら返しですね」と笑っていたが、このような輩が多いのはいつものことなので、予測の範囲内であったであろう。

しかし、鋭いアイディアやセンスが詰まっていながら、今となっては当たり前と思えるほど、万人が自然に使えるようなシステムを作れる人間は少ない。増井氏はのちにアップルの創設者で有名なスティーブ・ジョブズ氏直々の指名と面接を経て、同社に引き抜かれ、アイフォーンの日本語入力システムにも貢献した。この展開は本人にも想定外であったかもしれないが、見ている人は見ているのである。

第4章　予測に関するいくつかの考察

本書の執筆の機会をいただいたことで、ここまで述べたようないくつかの事例を調べたり学んだりしながら、筆者も「予測とはなにか」という問いを自身に投げかけ続けた。この章では、少し抽象的で学術的にも曖昧になるが、この過程で浮かんだ、予測についてのやや私的な考えや考察についていくつか述べてみたい。一部は読者の方々への問いかけとしてお読みいただければと思う。

関係性の再考

本文でも触れたが、さまざまな予測をするにあたって物事や概念の関係性を考えることは肝要である。AとBが関係していれば、例えばAについての予測を立てる時にBに関する情報や性質が活用できる。しかし、関係性を考える対象の数が大きくなったりすれば、非常に複雑になる。

近年話題のビッグデータも人工知能も、このような複雑さに対応することが目標とされていたり、期待されたりしている。複雑さや膨大さを、我々が把握や理解できる程度に縮約して、重要な側面を切り出してくれたり、より精密な予測や判断を可能にしてくれたりすれば、大いに有用である。実際に病理診断や株式取引などでは活用され始めていて、大きなデータを扱う分野では、もう10年も経たずに人間による判断は脇に置かれた形式的なものになっていくだろうと予想される。

これもすでに述べたように、確率や統計の分野では、この関係性を評価するために「独立性」や「相関」などの概念が使われている。しかし、ある特定のデータで指標を計算したことによって「関係性」が見出された、もしくは見出されなかったとしても、必ずしも鵜呑みにはできないことも指摘した。ここでは、また少し違う事例を提供したい。

〈**量子力学における関係性**〉

ミクロの世界においては、我々の日常とは異なる関係性が存在する。例えば以下のような事例を考えることができる。サングラスのレンズのようなフィルターを想像してほしい。入ってくる光の強さが、このフィルターによって10%に弱められる（透過率は10%）とする。ここで、このフィルターを少し間隔をあけて2枚重ねる（【図4-1】下段）。この時の透過率はどれくらいになるだろうか。

通常は、それぞれが10%（10分の1）に弱めるのであれば、2枚重ねた効果は、10分の1のさらに10分の1となる、1%になると考えるだろう。しかし、これがミクロの世界であれば、量子力学の理論によって、2枚の場合にはフィルターによる透過と反射の効果が複合して、逆に透過率が上昇したりすることが示されている。実験においても確認されていて、共鳴トンネル効果と呼ばれる。

量子力学においては、2枚重ねた時は、それぞれの1枚から通常の関係性を用いて分析することが通じないのである。つまり、量子の世界で2枚揃った時には、その2枚の間には、我々の日常とは違った関係性が生じているのだ。

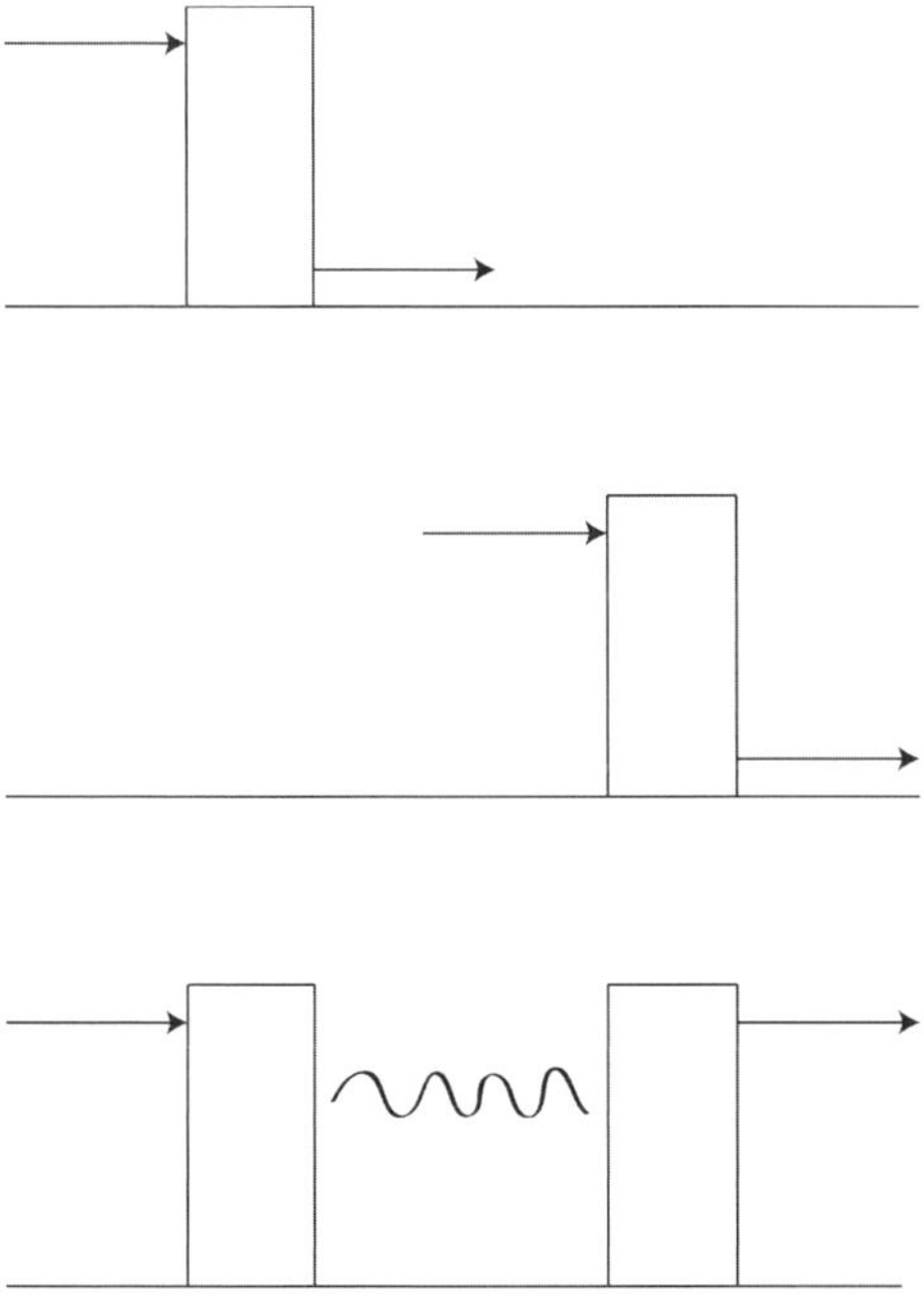

【図4－1】共鳴トンネル効果の概念図：それぞれのフィルターで信号は減衰するが、2つ組み合わせると逆に減衰しないようにできることもある

このようにミクロな量子には、それまでの物理理論や直感ではとらえきれない不思議な性質が多く見受けられる。特に、このミクロレベルの不思

議な性質がどのように積み重なって、我々の直感の働く日常の物理や関係性につながっているのかは、多くの研究者を魅了している課題である。

〈バランスをとるのにものを振る？〉

一転して、こちらは我々の日常に近い話で、筆者自身のささやかな「発見」である。棒や傘を、指先や足先でバランスを取りながら立てるという遊びをしたことはあるだろうか。これは、少し堅苦しい言い方をすれば、人間による倒立棒バランス制御、である。この制御能力には個人差がかなりあり、また練習によっても上達するが、その度合いもまちまちである。人間のバランス制御は、反応時間やパーキンソン病のような病理検出にも活用されている。筆者の恩師の一人でカリフォルニアのクレアモント・カレッジズにいるジョン・ミルトン教授も、反応時間の遅れの実験で、この倒立棒制御を行っていた。

筆者は理論研究者であるのだが、不確かさやノイズを逆に活用するような研究をしているので、この制御でもなにかそのようなことができないかと模索していた。1カ月ほど何度も棒を指先で立てながら、あれこれ試行錯誤したのだが、ある時、棒を立てている手と反対の手で、ペットボトルの飲み物を偶然手にしたら、棒を立てるのが少し楽になったような気がしたので、次にボトルをゆらしてみたら明らかに立てやすくなった（【図4-2】）。これは面白いと思って、早速、同僚やインターンの学生で試したら、個人差は大きいが、やはり棒の倒立制御がやりやすくなると感じる人がいた。ビデオなどを撮って恩師に送ったら最初は懐疑的であったが、さまざまに実験を行ってくれた。現時点でも理由は明快とは言えないのだが、棒を立てることと、ものを振ることの間には、意外にもポジティブな「関係」が存在するようである。

　こうした事例で感じるのが、物事の間の関係性は対象によっては時として意外な側面を見せるということであり、考察には注意深さが求められる。科学においては、実験などで得たデータの分析と理論推論は関係性を問うにあたっての車の両輪であり、科学の進歩はこの両者を通じた整合性や不整合性の発見によって成り立ってきた。人間はどうしても自分の「見たいものを見てしまう」ところがあるので、理論が机上の空論となることもあれば、誤った実験データの解析も行われがちで、その反省の積み重ねの上に科学や技術は成り立っている。

【図4－2】ペットボトルを振りながら倒立棒のバランスをとる

　ただ、少し懸念されるのが、近年はデータ分析や機械学習のようなブラックボックスの推論に偏重してきているところである。本来、数理科学的な厳密な論理性が、信頼性や安全性を担保するためには重要である。飛行機の制御システムにおいても論理数理学による厳密な検証が一部進んでいるが、まだ十分ではない。近年の悲惨な自動車事故を見れば、予測の範囲を多少超えた状況や、多少の不具合が生じても、そしてドライバーが能力不足でも、暴走しない自動車の開発は社会的な課題だと痛切に感じる。理論が貢献できる余地は大きいと思うのだが、数理科学の人材は圧倒的に不足している現状である。

予測と遺伝

筆者はちょうど30歳の頃、アメリカの大学院の博士課程を終えて、日本に戻った。幸いなことに大叔母が鎌倉の八幡宮のそばに空いている別荘を持っていたので、そこに10年ほど住まわせてもらった。子供も八幡宮の幼稚園に通い、境内の一部が園庭になっていたりして、自然に触れるには良い環境だった。その境内で夏の夕方になるとセミの幼虫が地中から出て、木に登っているのが、あちらこちらで観察できる。その夜に脱皮して成虫になるためである。よく数匹を捕まえて家に持ち帰り、網戸の下の方から登らせてみた。すると、ある程度の高さまで登ったところで網戸にしっかりと足を引っ掛けてじっと止まる。やがて背中が割れて、ほぼ白色の成虫がのけぞるようにして出てくる。えびぞりのように、そのまま落ちてしまうのではないかと思えるほどのけぞったあたりで、うまく体を支えながら尻の部分も抜けて、今度は抜け殻にしっかりとしがみつく。この時点ではまだ羽が小さく折り畳まれているのだが、植物の葉のような筋の部分に液体が流れ込んで、徐々に伸びて広がっていく。こうして出てきた成虫はしばらくはヌメヌメとしているのだが、羽も体も乾いて褐色になってゆき、夜明けには飛べるようになる。こうして5～7年間ほどを地中で暮らしたあと、晴れて、鳴き、空を飛び回れる姿になるのである。

このセミの成虫への脱皮で驚くのは、脱皮を始めるために幼虫が止まった時の角度がさまざまであるというところだ。これはセミの抜け殻が残されている状況を見るとわかる。網戸の場合は地面に対してほぼ垂直で、これは木の幹の部分でもそうだ。しかし、中には斜めに伸びている木の枝の下側であったり、ほぼ水平な枝の下側であったりする。どうも脱皮の最初ののけぞる時と羽を伸ばしていく時については重力をうまく使っているようであるのだが、これだけ角度が違うと、一体全体どのようなメカニズムが働いているのかと驚く。地面の上にいたのでは脱皮は成功しないが、木などに登り、ある範囲の角度をとって止まり、そしてその角度に応じてどれくらいのけぞれば成功すると予測をしているのだろうか。脱皮をすること自体はプログラムされているとしても、幅広い自然環境の中で、どのような状況に自身を持っていけばうまく脱皮できるのかということは誰も教えてくれないはずである。我々のように周囲の環境を観察し、適宜判断して最適な行動をしているとも考えにくい。やはり、ある程度は本能という名前のプログラムに沿っているのであろう。自然淘汰に基づく進化論では、そのようにうまくいくプログラムを遺伝子を介して受け継いだ種が生き残っているということになる。さまざまな状況にも対応できるような非常に柔軟なプログラムがどのように受け渡されるのだろう。また、進化と遺伝によって、個体を超えて世代に受け継がれた予測が存在するのだろうか。

より強く昆虫の不思議な「予測」を感じさせるのは、アンリ・ファーブルの昆虫記に記述のあるアナバチの話である（『完訳 ファーブル昆虫記』1、岩波文庫、112頁〜）。ここでファーブルは実験観察によって、アナバチが次世代を育てるためにどのようにコオロギを狩るのかを述べている。ここではアナバチは単に自分の制御をするだけでなく、動き回る相手と格闘をしてとらえる必要がある。その格闘の仕方も千差万別であろうが、この戦いに勝ち、アナバチが相手を抑え込むと針から毒を3カ所に打ち込むのである。首の根、胸部の二前体節の継ぎ目、そして胴の付け根だ。実はこの3カ所には3対のコオロギの脚を動かすための神経中枢がある。アナバチはどのようにしてか、この3つの神経中枢の場所を昆虫学者より昔から知っていて、そこに正確にコオロギを麻痺させる毒を注射するのである。ファーブルは「誇り高き科学者よ、この蜂の前にひざまずくべきだ！」と感嘆しているが、どのようにしてこのような行動が可能であるのかは未知である。

そしてさらに驚くべきは、このコオロギたちは麻痺させられただけで死んではいない。麻痺させた数匹を巣穴に引きずり込み、その中のひとつに卵を産み付ける。その作業が終わると、巣穴の入り口はアナバチによって丁寧に塞がれる。孵化した幼虫は、この安全な穴の中で死んでいない新鮮な肉を食料として成長することができるのである。どのように獲物を組み敷いて注射するか、どれだけの獲物を巣穴に持ち込めば十分か、どれだけ穴を塞げば安全かなど、まったく我々と同様の予測や評価、そして行動をしているように見受けられる。いや、逆に我々の行動もこれらの昆虫のようなプログラムに沿っているが、ただ複雑なだけかもしれない。哲学で議論されるところの自由意志の存在にも関係するが、予測もそれ単体ではなく、さまざまな機構をもって生成されているのかもしれない。

話をセミの脱皮観察に戻して、この議論を終わろう。前述の網戸での観察を始めた最初の頃は、脱皮しての、のけぞりがあまりにも大きいので、下に落ちてしまうのではないかと不安になり、手を添えて支えたが、これが逆によくなかった。羽が伸びる部分を押さえてしまい、朝にはうまく飛べない成虫になってしまった。せめてもと思い木の幹に止まらせたが、何年もの地中暮らしのあとでの飛躍を妨げてしまい、大変申し訳のないことをしてしまった。彼らの遺伝による「予測」も、人間の親子が脱皮直前の幼虫をつかまえて自宅の網戸に這わせたり、脱皮途中に手を添えたりすることまでは織り込んではいなかったのだろう。ファーブルは昆虫記の中で度々「本能」の深遠さに言及している。誰に教えられるでもなく、繰り返し学習をする機会がなくても、さまざまな状況に対応できるのはまさに驚異である。

予測と感動

予測はまた、我々の感動や印象にも密接に関わっている。「ホラホラ、これが僕の骨だ、」という一行だけで、通常の言葉を使いながらも、会話にはない斬新さを感じさせる。この斬新さとは、このような言い回しは予測できなかったということと表裏の関係にある。そして、先の一節が日本を代表する詩人、中原中也の詩「骨」の冒頭にあるということは、詩を読まない人でも腑に落ちるのではないだろうか。より広く知られている宮沢賢治の詩「雨ニモマケズ」では、周りから褒められることも苦にされることもない「木偶（でく）の坊」の様子が綴られている。そして、詩の最後近くにある

サウイフモノニ
ワタシハナリタイ

が、多くの人の予測を超えて感動につながっていないだろうか。さまざまな効率化が求められ、製造系職業よりコンサルタント系職業がもてはやされる現在の日本社会でも、ある意味で真逆の存在である「木偶の坊」への無意識的かもしれない憧憬が、この詩が広く愛される下敷きになっているように感じる。

　すでに述べたように、予測は意識的であるとは限らないし、それは感動との関連でもそのように考えられる。例えば、これも広く愛されているベートーベンの代表作「運命」である。冒頭の「ダダダ・ダーン」は、この表記だけでその音楽を思い浮かべられるであろう。この強烈なモチーフは、しかし冒頭や第1楽章の調べだけではない。第3楽章のはじめの方も顕著であるが、注

意深く聞いてもらうと、テンポや強弱、そして音程を変えながら、交響曲全体を通じて使われている。楽曲分析の解説などにも、ここまで同じモチーフを繰り返し使っていることが、この作品の特徴であると述べられている。そしてそのモチーフが少しずつゆらぎながら動くことが、我々の無意識の予測を裏切り続けながらも、変幻自在なこの名交響曲に統一感を与えている。

さらに述べれば、これらの例は、予測を単に裏切れば、感動や強い印象につながるかといえばそうでもない、ということも示唆している。ある意味では、日常的であったり、シンプルな繰り返しという我々が予測しやすい範囲の上での「ゆらぎ」が積み重ねられていることも鍵であるように感じる。あまりにも突飛な変化は違和感や疲れを感じさせるし、予測に近すぎる範囲の変化は吸収されてしまう。予測とゆらぎのバランスのとり方が、印象や感動には重要であるようだ。そして、予測の範囲は個においても集団においても変化を続けている。斬新と思われた1960年代のロックも、今となっては古典である。ピカソやブラックのキュビスムの絵画も、初めて見る人には不可解であっても、見慣れてくれれば感覚や予測の範囲に取り込まれていく。多くの場合、さまざまな分野の作品はこの予測の範囲の取り込みによって埋もれていくが、それでも生き残るものが、「名作」として、それぞれの時代と文化を代表するものとなっているように思う。

予測と知性

感動や印象の話とも関係するが、「知性」も予測とゆらぎのバランスと密接な関係を持っているというのが筆者の考えである。「知」をどのように定義するか、とらえるか、そして構成するかは難題であり、筆者の力量を超えるが、近年の人工知能技術の発展と展開によって、一般社会でも関心を呼んでいる。歴史的にもさまざまな角度から議論がされている課題でもある。

例えば、大きさや重さのように、「知能」を個の属性と考えるのは一般的である。では、その個に「知能」があるかどうかを判断するにはどうしたらよいか。コンピュータの基礎を作った一人のアラン・チューリングは、この問題を判別するため、あるテストを考案した。ここでは、テストを行う人が2つのコンピュータディスプレイの前にいて、どのような質問でもできるとする。そして、この人からは見えないようにスクリーンで隠されているが、ひとつのディスプレイの後ろには、コンピュータがあり、もうひとつの後ろには人間がいるとする。問いに対する答えから、テストを行っている質問者に、後ろにいるどちらがコンピュータでどちらが人であるかが判別できなければ、このコンピュータには知能があると判断するのである。このテストは「チューリング・テスト」として知られている。テストに対しては、いろいろな意見や反論がある。例えば、哲学者のジョン・サールは言語の翻訳の事例をあげて、理解をしていなくても記号処理をすることで、このチューリング・テストに合格することができてしまうと批判している。

こうした個の属性として知能を議論する方向とは異なり、「知」をより相対的なものとして捉えられないかとするのが筆者の視点である。つまり、知能を他者や環境との相互作用として考察する立場である。少なくとも、我々が人、動物、昆虫、ロボットなどの観察対象に「知」を感じるかどうかにおいては、意識的であれ、無意識的であれ、この相対的な視点に立っていると感じる。例えば、川のなかで、ある動きをしている物体があるとする。その動きだけでは、それが生物か水流に漂う木片かはわからない。しかし、よく見ると、その物体の前には別の小さな魚がいて、この物体はそれを追跡しているのだと推測された。この相互作用を見たことで、我々は、この物体が追跡するために情報処理をする知的能力の可能性を感じるだろう。イルカの知能についてもよく取り上げられるが、それはイルカが発する信号や鳴き声そのものではなく、それにより他者とコミュニケーションを取っている可能性が高いという事実においてのことである。ある状況でのイルカの鳴き声を録音してスピーカーから流すシステムを作ってロボットに搭載しても、それが実際に使われる場面で他のイルカとのコミュニケーションに役立っていないようであれば、そのシステムに知能があるとは、我々は感じないだろう。

つまり、知能を相対的に捉えるということは、個の属性の部分を無視するわけではないが、環境や他者との関係性において考えるということである。この視点をとると、予測も特に重要な役割を果たすことになる。我々が知能を測ろうとする対象に対しては、無意識的であるかもしれないが、さまざまな予測をしている。昆虫を見れば、それまでの知見から飛ぶことができるかもしれないとは予測するが、言語を話すとは予測しない。その昆虫に手をかざした時に、激しく動き出せば、我々は「逃げる」という行為と解釈し、さらに踏み込んで昆虫も「恐怖心」を持つのかもしれないと連想する。予測したよりも捕まえるのが難しければ、そこにはより「知」を感じるだろう。しかし、いきなり日本語を話し始めたとしたら、「知」を感じるというよりは、何か別の仕掛けや超自然現象の結果であるか、夢を見ているのだと疑うだろう。

人同士で会話をしている時にも、こちらが想定したよりも「オッ」と思うレベルのことを話された時に、相手の「知性」を感じることは多くないだろうか。筆者は職業柄、高校生相手の面接試験の経験もあるが、哲学者ルートヴィヒ・ウィトゲンシュタインの名前を出して語り始めた生徒がいたので、その内容は置くとしても、彼の名前を出したということだけで、筆記試験の成績などから他の面接官の先生方がいぶかる中で、合格を推したことがある。通常の高校生から出てくる名前や関心ではなく、文字通り「オッ」と思ったのである。逆に、まことしやかである話は、例えばそれが、有名大学教授やコンサルタントの発言でも、知性というよりは大言壮語に感じたりする。こうしたことは、読者の方々も日常的に経験することだと思うが、予測に対して適度にゆらぐというレベルが、我々が知性を感じる要因のひとつと考えるのである。

予測と意識

読者の中には音楽を聞いたりしながら仕事や宿題をこなす人もいるだろう。喫茶店でも往々にして音楽がかかっていて、そこで仕事をしている人も見かける。そのような時には、意識の中心を仕事に向けていれば、音楽は物理信号としては耳に届いていても、聞こえてはいないと言えるかもしれない。しかし、もしその音楽が突然、ニュースに切り替わったりすれば、すぐに気がつく。これは予測をしていることとの差が、意識や注意を喚起すると考えることができる。

科学・医学を中心として、哲学や心理学も含めた学問の進歩により、我々、人間自身についても知見が深まった。特に「生物」「機能」「意識」「感情」などが一体となったものとしての「人」が、これらの構成要素に分解されて、研究が進んだ。その結果として、人間でなければできないと思われていたことが、他の生物やシステムでも可能であることも明らかになってきた。例えば、イルカやミツバチが相互に何らかのコミュニケーションを取っているということも解明されてきた。人工生命という分野では、自己複製を行うプログラムの開発もなされた。

特に「機能」については過去200年ほどでさまざまに理解や開発が進み、画像などの「認識」や「分類」のように、人間の高度な知能でしかできないと思われていたようなことにも、人工知能という形で、ついに科学技術は踏み込み始めたのである。

また、逆に我々自身も精巧な高分子機械にすぎないのではないかという探究も進んでいる。遺伝子工学も進み、生命もコピーが可能であるということが示されたし、iPS細胞を始めとする研究では、故障した機械を修復するように、我々も部品を入れ替えることで機能を回復できるという探究が進んでいる。

一方で、人も生物も一種の機械であるとするには、さまざまな問題がある。特に、我々には意識があるし、ある程度、高等な生物には感情・情動もあると考えられている。ここまで進んだ科学技術をもってしても、意識を持つ機械やシステムと呼べるものはまだ作られていない。人工知能とは言うが、高度な機能を持つシステムであり、それが意識を持つとは言い難い。意識に関する問題は哲学においても歴史的な課題であるが、20世紀頃からは心理学者、脳科学者なども活発な議論を交わすようになっている。

この意識の問題について総合的に考えることは筆者の力量を遥かに超える。ただ、予測との関係で述べるなら、これまで筆者の立場は「予測能力も機能のひとつにすぎないので、これをもって意識があるとは言えないが、逆に意識のあるものは、ほぼ必ず予測能力を使っている」というものであった。例えば、軌道の予測から動く物体を追跡するような、意識とは無関係なシステムは、機能としては現実に開発されている。

しかし、本書を執筆しながら再考するに、予測という機能が「意識」を創発している可能性があるのではないかとも感じ始めた。先にも述べたような予測とのずれを検知する状態は意識と結びついているのではないだろうか。より一般にも、「十分多様に多数の要素が絡み合い、予測や記憶などの機能を持つことによって、意識が生み出される」というのが、筆者の考えた仮説である。つまり、意識が下敷きにあることで、機能が生み出されるのではなく、その逆で、意識はある程度の機能と複雑さを備えたシステムにしか存在しないのではないかという見立てである。

そうは言っても、現状ではあまりにも漠然としている。物理学の知見からは、非常に多くの要素の相互作用があれば、全体としての性質は、その個々の構成要素の持つ性質からは想定のできないものとなり得ることが、さまざまに知られている。しかし、意識やその階層性に関してはどれくらいの複雑さやいくつの要素が必要であるのか、個々の要素は有機物である必要があるのか、などはまったく不明である。他にも、食虫植物や昆虫では複雑さが足りないのか、逆に哺乳類なら十分か、もしくは、やはり人でないと持てないような意識の階層は存在するのか？　などなど疑問は尽きない。そして、学問の進展がこのような疑問に解を出せる日がくるのだろうかというと、予測も立たない。

仕事中の音楽に話を戻すと、筆者も原稿書きなどを含めて、よく音楽を流しながら作業をする。ただ、この際には仕事に干渉しないように、かける音楽を、ビートルズであったりカラヤンのベートーベンであったりと何十年も聞き慣れたものに限るようにしている。音楽が流れていることさえ気がつかない程度がちょうど仕事がはかどるように感じる。そのような時には、ふと自分がただの機械になっていて、意識というのは幻想にすぎないのではないかとも思う。今や、人工知能でも作文ができたり、作曲ができたりするようになっている。芸術・創作活動にも意識や感情は必要ないのだろうかと疑問に思う時は、少し悲しい気もする。

あとがき

2020年に入って、誰もが予測もしないことが起きた。新型コロナウイルスの世界的な感染・拡大である。本書の校正の時点で起きたパンデミックだったので、急遽、第2章に「感染症の拡大の予測」という項を加筆した。感染症の数学的予測の草分け的なモデルは、SIRモデルと呼ばれ、実は1920年代に考えられていた。「感染者との接触を減らし、感染のピークを抑え、その時期も遅らせる」とよくニュース番組でも報道されていたが、その元になっていたのはこのSIRモデルである。詳細は追加した本文（89頁～）をご覧いただきたい。

ただ、数学でも予測できないことはある。このパンデミックがいつ、どのようにして鎮静化するかだ。「コロナ以前」の時間に、おそらく我々は戻れないのだろうが、安心して暮らせる日が一日でも早く訪れることを願わずにはいられない。

さて、「予測学」としてここまで書いてみたが、お付き合いいただいた読者の方々には感謝したい。はじめに述べたように、この分野には統一した学問体系があるわけではない。また、例えば制御工学で予測と言えば「カルマンフィルター」と呼ばれる理論があるのだが、本書のレベルに合わせて噛み砕くことができなかったし、予測の全体を俯瞰することも筆者の力量を超えている。しかし、筆者なりに頭に浮かび上がってきた予測についての重要な要素は、「経験と観測」、「時間と空間」、そして「意識と生物」である。そしてこれらを統合しての「人間らしさ」が、予測と関連する活動から強く印象づけられた。

過去の経験の記録、実証をするための実験などの「知」の積み重ねは予測を形成するための重要な下敷きである。どんなに優れた知力や勘を持つ人でも、ある予測に必要な情報や事実が知らされていなければ、大きくはずれた予想をしてしまう。一方では、カオスについて紹介したところでも述べたが、ほんの小さな違いが後に大きな変化を生み出してしまうことも多い。事実や観測を積み重ねた土台の上でも、予測との格闘は続くのである。

時間については、よく言われるように短期や長期の予測で逆の結果が出ることも、経済や企業の業績などではよく聞くところである。人口の予測でも述べたが、今の日本の最大の社会問題の一つである人口減少は、過去の人口抑制気運の結果でもある。ベビーブームの頃に今日の高齢化社会を予測できた人がどれだけいただろうか。予測はその時期、また時間の間隔によって変化するのである。空間についても、身近なことについてか、大きなスケールでの予測かによって内容は大きく異なる。アメリカの大統領選の予測においても、州での勝敗が国全体での得票数の優劣を上回って結果が決まることがある。本文でも紹介したが、ものが落ちるという身近な事実の背景にあり、今となっては誰でも知っている重力も、その機構についての予測を確認するには宇宙スケールの実験をする必要があった。天気予測もすでに述べたように、さまざまな空間的なスケールの違いを取り込む必要がある。２０１９年に大きな被害を出した台風19号も首都直撃に焦点があたっていたが、千曲川などの氾濫が重大な災害となった。時間と空間のさまざまな違いや要素をかき混ぜなければ、的確な予測は構成できない。

予測と意識や生物の関係は、明確な形で語ることは難しい。アリストテレスは生物と無生物を切り分けるのは「霊魂」であると主張した。予測に関しては、生物がやるように予測を立て、そしてその結果を評価し、自身の予測やその精度を更新していくようなプログラムを構成することが可能であることは、ＡＩや本文でも述べたニューラルネットのアルゴリズムでも、もう数十年前から知られている。その意味では「霊魂」とは異なり、予測は生物と無生物にまたがる機能であると言える。しかし、自発的に予想や予測を組み立てたり、活用しようとすることは意識ともつながるように感じている。予測も含めた「機能」と「意識」の関係は、これまでも科学や哲学において重要なテーマであり、探究されてきたが、今後もさまざまに研究が活発に進む分野ととらえて間違いないであろう。

そして、人間は、これらの要素を統合して予測をしている。さまざまな予測を立てることが、自身の存在・安全にも、集団としての繁栄にもつながるということを明確に認識した唯一の生物が我々ではないだろうか。確率論や統計学が生まれ、発展してきた背後には、意識的にも、無意識的にも「より良い予測」が目的として存在している。本文でも一部触れたが、科学活動全般についても、予測の存在は無視できない。我々は集団としても、「予測」とその土台となる「知」や「技術」を磨き続けてきた。本文でも紹介したが、日本で最初に導入された大型計算機は天気予報に使われたというのが、象徴的である。現在のAIやビッグデータも、やはり「より良い予測」への要求が、背後でエンジンとして動いていると言っても過言ではないだろう。その意味では、「予測」は非常に人間的な活動と言えると思う。

これほどに人間が予測を追求するのは、人の一生ほど予測し難いものはない、という我々の無意識の底にある感覚の存在によるのかもしれない。「あの時ああしていれば」「こんなことになるとは夢にも思わなかった」というのは、誰もが経験する。そして、それは平等である。本能寺で囲まれた織田信長にも、少額のギャンブルに負けた疲れたサラリーマンにも同様に去来する。

儚さの裏には、ささやかな喜びもある。私事で終わるが、本文でも「角谷の予想」で紹介した角谷静夫先生の直弟子の、数学の教授に長年お世話になっている。筆者の米国留学時の試験面接では、「本当に留学してよいのか」と厳しい真剣な表情で質問された。結局、その後、筆者は文学から物理、企業の研究所から大学の数学教室と巡り巡ったが、時々ご相伴にあずかり、お酒が入ると「君の数学教室（着任）だけは予測できなかったよ」と相好を崩しておっしゃる。少しだけご恩返しができたような気がする。

本書の執筆のほとんどは2017年夏から19年末にかけて行われた。この期間の研究活動は、おおはぎ内科および眼科（和歌山県橋本市）の助成によって支えられた。この場を借りて感謝したい。同僚の名古屋大学大学院多元数理科学研究科の松尾信一郎准教授からは丁寧な査読をいただきお礼申し上げる。

新潮社の今泉正俊氏には、本書執筆の提案から、内容の随所に助言をいただいた。ここに深く感謝の気持ちを表したい。

2020年初夏

大平　徹

新潮選書

予測学(よそくがく)──未来(みらい)はどこまで読(よ)めるのか

著　者…………………大平徹(おおひらとおる)

発　行…………………2020年8月25日

発行者…………………佐藤隆信
発行所…………………株式会社新潮社
〒162-8711 東京都新宿区矢来町71
電話　編集部03-3266-5411
読者係03-3266-5111
https://www.shinchosha.co.jp
印刷所…………………錦明印刷株式会社
製本所…………………株式会社大進堂

乱丁・落丁本は、ご面倒ですが小社読者係宛お送り下さい。送料小社負担にてお取替えいたします。
価格はカバーに表示してあります。

ISBN978-4-10-603857-0 C0341

「ゆらぎ」と「遅れ」
不確実さの数理学
大平徹

社会は不確実さに満ちているが、時にそれは有益に働く。建物の免震構造、時間差による攻撃、犯人追跡……身近にある不安定現象の数々を数理学が解く。

《新潮選書》

渋滞学
西成活裕

新学問「渋滞学」が、さまざまな渋滞の謎を解明する。人混みや車、インターネットから、駅張り広告やお金まで。渋滞を避けたい人、停滞がほしい人、必読の書！

《新潮選書》

無駄学
西成活裕

トヨタ生産方式の「カイゼン現場」訪問などをヒントに、社会や企業、家庭にはびこる無駄を徹底検証し、省き方を伝授。ポスト自由主義経済のための新学問。

《新潮選書》

激甚気象はなぜ起こる
坪木和久

迷走台風、豪雨、竜巻、猛暑、豪雪――。日本はここ数年、「これまで経験したことのない」災害に見舞われている。列島の「空」で何が起きているのか？

《新潮選書》

地球の履歴書
大河内直彦

海面や海底、地層や地下、南極大陸、塩や石油などを通して、地球46億年の歴史を8つのストーリーで描く。講談社科学出版賞受賞の科学者による意欲作。

《新潮選書》

生命の内と外
永田和宏

生物は「膜」である。閉じつつ開きながら、必要なものを摂取し、不要なものを排除している。内と外との「境界」から見えてくる、驚くべき生命の本質。

《新潮選書》

宇宙からいかに
ヒトは生まれたか
偶然と必然の138億年史
更科功

我々はどんなプロセスを経てここにいるのか？ 生物と無生物両方の歴史を織り交ぜながら、ビッグバンから未来までをコンパクトにまとめた初めての一冊。

《新潮選書》

進化論はいかに進化したか
更科功

『種の起源』から160年。ダーウィンのどこが正しく、何が誤りだったのか。気鋭の古生物学者が、ダーウィンの説を整理し進化論の発展を明らかにする。

《新潮選書》

凍った地球
スノーボールアースと生命進化の物語
田近英一

マイナス50℃、赤道に氷床。生物はどう生き残ったのか？ 全球凍結は地球にとってどんな意味があるのか？ コペルニクス以来の衝撃的仮説といわれる環境大変動史。

《新潮選書》

弱者の戦略
稲垣栄洋

弱肉強食の世界で、弱者はどうやって生き延びてきたのか？ メスに化ける、他者に化ける、動かない、早死にするなど、生き物たちの驚異の戦略の数々。

《新潮選書》

強い者は生き残れない
環境から考える新しい進化論
吉村仁

生物史を振り返ると、進化したのは必ずしも「強者」ではなかった。変動する環境の下で、生命はどのような生き残り戦略をとってきたのか、新説が解く。

《新潮選書》

性の進化史
いまヒトの染色体で何が起きているのか
松田洋一

そもそもなぜ性はあるのか？ なぜヒトには雌雄同体がいないのか？ 性転換する生物の目的とは？ 生き残るため、驚くべきほど多様化した性のかたち。

《新潮選書》